给建筑师的思想家读本

建筑师解读 巴巴

[英] 费利佩·埃尔南德斯 著
林 源 裴琳娟 译

中国建筑工业出版社

著作权合同登记图字：01-2011-5503 号

图书在版编目（CIP）数据

建筑师解读巴巴 /（英）费利佩·埃尔南德斯著；林源，裴琳娟译．—北京：中国建筑工业出版社，2020.10
（给建筑师的思想家读本）
书名原文：Bhabha For Architects
ISBN 978-7-112-25349-4

Ⅰ．①建… Ⅱ．①费… ②林… ③裴… Ⅲ．①霍米·K. 巴巴 —哲学思想—影响—建筑学—研究 Ⅳ．① TU-05 ② B351.5

中国版本图书馆 CIP 数据核字（2020）第 137341 号

Bhabha For Architects，1st Edition / Felipe Hernández，9780415477468

责任编辑：戚琳琳　董苏华　文字编辑：吴　尘　责任校对：芦欣甜

给建筑师的思想家读本
建筑师解读　巴巴
[英] 费利佩·埃尔南德斯　著
林　源　裴琳娟　译
*
中国建筑工业出版社出版、发行（北京海淀三里河路9号）
各地新华书店、建筑书店经销
北京点击世代文化传媒有限公司制版
北京建筑工业印刷厂印刷
*
开本：880 × 1230 毫米　1/32　印张：5¼　字数：125 千字
2020 年 11 月第一版　2020 年 11 月第一次印刷
定价：32.00 元
ISBN 978-7-112-25349-4
（36059）

目 录

丛书编者按 v

图表说明 viii

致谢 ix

第 1 章 导言 1

巴巴的理论语境 11

后殖民主义理论 16

巴巴与建筑 21

本书的编排 24

第 2 章 翻译 27

沃尔特·本雅明与“译者的任务” 29

巴巴作品中的翻译 34

第 3 章 矛盾状态 44

后殖民主义的矛盾状态 47

建筑历史的矛盾状态 56

第 4 章 混杂性 64

巴巴的混杂性理论 66

关于混杂的批判 79

建筑形式的混杂 84

非西方建筑的表达　89

第 5 章　第三空间　95

第三空间理论的创建　96

第三空间的空间化　99

第三空间与建筑　103

第 6 章　教导性与演现性　107

文化差异和少数族的代理者　109

关于国家和民族主义的观点　113

巴巴对国家的批判　117

对殖民城市历史中二元性的质疑　126

当代城市演现的时间性　129

建筑与演现性　132

第 7 章　总结　139

延伸阅读　142

参考文献　145

索引　147

给建筑师的思想家读本　154

丛书编者按

亚当·沙尔（Adam Sharr）

建筑师通常会从哲学界和理论界的思想家那里寻找设计思想或作品批评机制。然而对于建筑师和建筑专业的学生而言，在这些思想家的著作中进行这样的寻找并非易事。对原典的语境不甚了了而贸然阅读，很可能会使人茫然不知所措，而已有的导读性著作又极少详细探讨这些原典中与建筑有关的内容。这套新颖的丛书则以明晰、快速和准确地介绍那些曾讨论过建筑的重要思想家为目的，其中每本针对一位思想家在建筑方面的相关著述进行总结。丛书旨在阐明思想家的建筑观点在其全部研究成果中的位置、解释相关术语，以及为延伸阅读提供快速可查的指引。如果你觉得关于建筑的哲学和理论著作很难读，或仅是不知从何处开始读，那么本丛书将是你的必备指南。

“给建筑师的思想家读本”丛书的内容以建筑学为出发点，试图采用建筑学的解读方法，并以建筑专业读者为对象介绍各位思想家。每位思想家均有其与众不同的独特气质，于是丛书中每本的架构也相应地围绕着这种气质来进行组织。由于所探讨的均为杰出的思想家，因此所有此类简短的导读均只能涉及他们作品的一小部分，且丛书中每本的作者——均为建筑师和建筑批评家——各集中仅探讨一位在他们看来对于建筑设计与诠释意义最为重大的思想家，因此疏漏不可避免。关于每一位思想家，本丛书仅提供入门指引，并不盖棺论定，而我们希望这样能够鼓励进一步的阅读，也即激发读者的兴趣，去深入研究这些思想家的原典。

“给建筑师的思想家读本”丛书已被证明是极为成功的，探讨了多位人们耳熟能详，且对建筑设计、批评和评论产生了重要和独特影响的文化名人，他们分别是吉尔·德勒兹[①]、费利克斯·瓜塔里[②]、马丁·海德格尔[③]、露丝·伊里加雷[④]、霍米·巴巴[⑤]、莫里斯·梅洛－庞蒂[⑥]、沃尔特·本雅明[⑦]和皮埃尔·布迪厄。目前本丛书仍在扩充之中，将会更广泛地涉及为建筑师所关注的众多当代思想家。

亚当·沙尔目前是英国纽卡斯尔大学（University of Newcastle-upon-Tyne）建筑学院教授、亚当·沙尔建筑事务所（Adam Sharr Architects）首席建筑师，并与理查德·维斯顿（Richard Weston）共同担任剑桥大学出版社出版发行的专业期刊《建筑研究季刊》（*Architectural Research Quarterly*）的主编。他的著作有《建筑师解读海德格尔》（*Heidegger for Architects*）以及《阅读建筑与文化》

---

① 吉尔·德勒兹（Gilles Deleuze，1925—1995 年），法国著名哲学家、形而上主义者，其研究在哲学、文学、电影及艺术领域均产生了深远影响。——译者注

② 费利克斯·瓜塔里（Félix Guattari，1930—1992 年），法国精神治疗师、哲学家、符号学家，是精神分裂分析（schizoanalysis）和生态智慧（Ecosophy）理论的开创人。——译者注

③ 马丁·海德格尔（Martin Heidegger，1889—1976 年），德国著名哲学家，存在主义现象学（Existential Phenomenology）和解释哲学（Philosophical Hermeneutics）的代表人物。被广泛认为是欧洲最有影响力的哲学家之一。——译者注

④ 露丝·伊里加雷（Luce Irigaray，1930 年—），比利时裔法国著名女权运动家、哲学家、语言学家、心理语言学家、精神分析学家、社会学家、文化理论家。——译者注

⑤ 霍米·巴巴（HomiK. Bhabha，1949 年—），美国著名文化理论家，现任哈佛大学英美语言文学教授及人文学科研究中心（Humanities Center）主任，其主要研究方向为后殖民主义。——译者注

⑥ 莫里斯·梅洛－庞蒂（Maurice Merleau-Ponty，1908—1961 年），法国著名现象学家，其著作涉及认知、艺术和政治等领域。——译者注

⑦ 沃尔特·本雅明（Walter Benjamin，1892—1940 年），德国著名哲学家、文化批评家，属于法兰克福学派。——译者注

（*Reading Architecture and Culture*）。此外，他还是《失控的质量：建筑测量标准》（*Quality out of Control: Standards for Measuring Architecture*）（Routledge，2010 年）和《原始性：建筑原创性的问题》（*Primitive: Original Matters in Architecture*）（Routledge，2006 年）二书的主编之一。

图表说明

霍米·K·巴巴教授，第 5 页
承蒙哈佛大学英文系人文中心主任提供

马来西亚 Kuala Lumpur Malay 住宅的重建，第 85 页
摄影：Felipe Hernández

吴哥窟的重现，1931 年巴黎博览会，第 92 页
承蒙 Topham Partners LLP 提供

the Fort 地区的拱廊，孟买，印度，第 131 页
摄影：Rahul Mehrotta

蒙罗伊住宅（使用前），伊基克（Iquique），智利，第 136 页
策划、摄影：ELEMENTAL Chile

蒙罗伊住宅（使用后），伊基克，智利，第 137 页
策划、摄影：ELEMENTAL Chile

致谢

首先，我要感谢亚当·沙尔对本书的兴趣、支持以及使我受益匪浅的观察力，同样要感谢来自 Routledge 出版社的乔吉娜·约翰森 - 库克（Georgina Johnson-Cook）在过去两年里的耐心与支持。

我还欠霍米·K·巴巴一个人情，在本书写作的开始阶段，他和蔼地倾听我的想法，并给我提供了资料和他的建议。

我还要感谢乔纳森·哈里斯（Jonathan Harris，利物浦大学）、佩格·罗斯（Peg Rawes，巴特莱特建筑学院）和克里斯托夫·戴尔（Christopher Dell）对于初稿富有洞察力的见解。

还有马克·米林顿（Mark Millington）、詹姆·伦德尔（Jame Rendell）、莱恩·波登（Lain Borden）、拉胡尔·麦罗特拉（Rahul Mehrotra）、乔纳森·黑尔（Jonathan Hale）和尼尔·林奇（Neil Leach），感谢他们在过去的十年里一直对后殖民主义理论和建筑理论进行的研究、会谈、指导以及支持，这些都对本书的完成有着间接的贡献。

使这一写作计划得以实现的还有我的妻子莱亚（Lea）。谢谢她对我的聆听、激烈的批判和对本书草稿的反复阅读。更重要的是，我想感谢她对我的忍耐，我总在写作，因此对她和儿子塞巴斯蒂安（Sebastian）都疏于照顾。我也同样感激他们。

第 1 章

导言

1

后殖民主义（postcolonial）理论已经对我们理解今天的文化与历史上的文化之间的关系产生了显而易见的影响。20 世纪 80 年代以来，后殖民主义理论用来代表文化和文化间相互作用的概念和修辞已经渗入当代政治、国际贸易和学术研究的各个领域当中。无需多言，后殖民主义叙述也同样对建筑学产生了影响。在过去的 30 年中，思想家，如弗朗茨·法农[①]、爱德华·萨义德[②]和加亚特里·查克拉沃蒂·斯皮

① Frantz Fanon（1925 年 7 月 20 日，法属 Matinique 岛——1961 年 12 月 6 日，美国马里兰州 Bethesda），西印度精神分析学家和社会哲学家，殖民主义研究的先驱。以为争取殖民地人民的民族解放的写作而闻名。法农将精神分析法、现象学、存在主义和黑人理论（Negritude theory）融为一体，以广阔的视角深入研究了殖民主义对殖民地人民造成的社会心理影响。他诸多作品中最有影响力的两部是《黑皮肤，白面具》（*Black Skins, White Masks*, 1952）和在他去世前在巴黎出版的《全世界受苦的人》（*The Wretched of the Earth*, 1961）。1961 年 4-7 月，法农因赶写《全世界受苦的人》而延误了白血病的治疗，当年 10 月赴美国救治时已无法挽回。此书确立了法农作为国际去殖民化运动的知识界领袖的地位。书的前言由让 - 保罗·萨特（Jean-Paul Sartre）所写。巴巴在作品中时时引证或讨论法农，法农的精神思想对他影响巨大，是其理论的主要源头之一。2004 年，《全世界受苦的人》的新英译本由纽约果园出版社（Grove Press）出版，巴巴为该书写了题为“塑造法农”（Framng Fanon）的序。——译者注

② Edward Said（1935-2003），文学理论家与批评家、乐评家、歌剧学者、钢琴家，后殖民理论的创始人。巴勒斯坦人。在美国哥伦比亚大学担任英美文学和比较文学教授，后执教于约翰霍普金斯大学、哈佛大学和耶鲁大学。提出“东方主义”概念。代表作《东方主义》（*Orientalism*）（1978）。——译者注

瓦克[①]，他们关于建筑产品的分析理论纷纷见诸于大量出版物，这些建筑物分布于世界各地，既有前殖民地国家，也有西方宗主国。而霍米·K·巴巴的观点则主导了关于后殖民主义的建筑讨论。实际上，巴巴是利用了“空间”的概念和各种其他的建筑类比法（analogies），而这使得他的作品对于建筑师和建筑理论家们来说具有很大的吸引力。然而，他作品中的政治因素使他的术语在建筑与城市的特定研究，或是在更为宽广的建筑历史和理论的研究中的应用殊为不易。巴巴在他的论著中所使用的概念说明了文化是由历史和客观存在（个人、社会团体、社会阶层、不同性别和不同性取向的人）等多重因素构成的复杂集合体。因此，当其应用于建筑时，文化就与建筑学科之外其他的广大领域产生了紧密联系。正因为如此，这部讨论巴巴所运用的后殖民主义批判方法的书，能够促进我们对建筑和建筑实践的深入理解。

在展开论述之前，有必要对“殖民主义”（标题中的“后殖民主义”）一词进行说明。通常，“殖民主义”一词会使建筑学领域的人望而却步，因为它似乎总与“旧”的建筑相关。
2 对出生于 20 世纪后 30 年的人来说殖民时期可能是相当遥远的事情，但实际上直到 20 世纪 70 年代许多民族仍在为独立和解放而战斗。因此，我们当中的很多人仍然能够讲述他们与殖民相关的亲身经历并描述那些被历史学家称作“帝国终结”的历史事件。“帝国终结”是指第二次世界大战之后许多

① Gayatri Chakravorty Spivak（1942 年— ），印度学者、文学理论家、解构主义批评家和女性主义批评家。于哥伦比亚大学等大学教授英语和比较文学。1976 年斯皮瓦克首次将法国解构主义哲学家德里达（Jacques Derrida）引入英语世界。作为当今世界极为重要的文学理论家和文化批评家。斯皮瓦克著作甚丰，最具代表性的是《底层人能说话吗？》（*Can the subaltern speak?*，1988 年）、《后殖民理性批判》（*A Critique of Postcolonial Reason*，1999 年）等。——译者注

殖民地国家脱离欧洲的或北美洲的统治者获得独立。我们的祖辈和出生于1980年之前的那一代人的父辈都经历了这样的“帝国终结”时代。在英国，大多数人对1947年印度和巴基斯坦的独立都非常了解。其实，这只不过是接连发生的众多国家独立事件之一：1960年刚果共和国脱离比利时的殖民统治而获得独立，1962年阿尔及利亚在经历了8年的浴血奋战之后打败法国殖民者而获得独立，1968年赤道几内亚脱离西班牙的殖民统治独立，还有1975年莫桑比克脱离葡萄牙的殖民彻底独立。我之所以选取这几个实例是因为它们涵盖了欧洲的四个殖民大国——英国、法国、葡萄牙和西班牙，本书所使用的大部分案例也都来自这些国家。有趣的是，当一些城市还正处在去殖民化的进程中时，英国的肥皂剧《加冕街》[①]已开始在英国国内播出，奥兹·奥斯本[②]已经在黑色安息日乐队（Black Sabbath）作主唱，而勒·柯布西耶也已经去世。我的目的不是试图轻视去殖民化（decolonization）过程的历史重要性，而是通过强调当代建筑圈受众所熟悉的事件与人物，来建立殖民时期与现今的关联，从而证明殖民时期并非如乍看时所感觉的那样历史久远。

殖民主义历史上的近似性解释了为什么许多用于构建和行使殖民权威的策略今天仍在使用，并且事实上，对于许多我们未曾质疑的问题也产生了影响，比如关于民主、自由、平等和文化多样性的概念。这些概念在我们看来经常觉得是如此理所当然，以至于我们没能质询其适当性以及对我们的生活——包括建筑学习与实践——所带来的影响。我们对这

① *Coronation Street*，这部电视连续剧于1960年开始播出，至今未完，是世界上最长的电视剧，讲述的是英国工薪阶层的日常故事。——译者注

② Ozzy Osborne，金属乐队Black Sabbath的主唱，出生于1948年，主要活跃在20世纪60至70年代。——译者注

3 些观念的无条件接受导致我们与西方霸权串通一气，包括在建筑方面也是如此。换句话说，殖民主义并不是与我们相隔久远的历史，也并非与建筑毫不相干。相反，随着我们逐渐理解巴巴的理论与批评，我们同样也能够开始理解建筑是如何与殖民主义权威话语的许多方面保持一致的。

……殖民主义并不是与我们时代相隔久远的历史，也并非与建筑毫不相干。

现在让我们来看看霍米·K·巴巴的生活和经历。巴巴在他影响深远的著作《文化的定位》(*The Location of Culture*，2004 年）的最新版的前言中简要地讲述了自己的经历，为他在其他著作中阐发的一些观点提供了相关的背景。然而这并不是巴巴的著作中唯一一次出现的他的生平。他的书中处处可见他对其自身人生经历的描述，即身为移民的阅历以及从印度出发到英国、再到美国这个他如今生活和工作之地的旅程。

巴巴告诉我们他出生在印度，同时也强调了他是印度拜火教的信徒。在印度和世界其他地区，印度拜火教徒不仅数量少且不为人所知（据不完全统计，目前在世界范围内印度拜火教徒大约有 10 万人）。印度拜火教的历史悠久且复杂，故在此不赘述细节。但我仍会强调其中的若干要点，以帮助我们理解巴巴著作中所讨论的一些主题及其理论上的，还有个人方面的理论基础。要点之一，拜火教是从波斯传入印度的，因此它既不属于印度教也非伊斯兰教，而是拜火教的创始人、先知索罗亚斯德（Zoroaster）的追随者们，使其成为印度少数人群的宗教团体。巴巴认为印度拜火教在经历了数个世纪后已经被“混杂”，所以如今它的仪式既尊重印度教习俗同

4

时也维持着自身的宗教及民族特征。巴巴认为，印度拜火教文化不是均质的、固化的，而是多变的、动态的。地理位移以及与其他文化的相互作用是印度拜火教产生历史性改变的原因，当然，在很多方面它仍然保留着自身的独特性。

另一个要点是17—18世纪印度拜火教在印度殖民地社会政治结构中的定位。这一时期拜火教徒已经成为熟知英国传统的、受过良好教育的族群。他们在殖民政府中被授予行政职务，并可以通过被许可的商业贸易和其他营利手段致富。由此，印度拜火教徒因富有、在当地政府中拥有较高的地位和其自身获得的欧洲文化特征而使其与其他的印度族群相比格外突出。因此，印度拜火教徒在一个很大的文化群体之中处在了一个中间两难的位置：他们既不同于印度人也不同于英国人，因为无论他们积累多少财富都无法获得与执掌核心权力的英国人同样的社会地位。这种“矛盾状态”（ambivalence）常出现在巴巴的书著中，同样也贯穿本书。事实上，这也是巴巴关于殖民主义的批判中最为重要的观点之一：通过同时进行纳入（inclusion）和排斥（exclusion）这一矛盾的过程来构建殖民实体的这一方式，而将这些实体置于被殖民者和殖民者之间的中介（intermidiate）位置上。

巴巴生平中另一个重要的方面是他出生的时代：即在1947年8月15日印度获得独立之后不久的数年。尽管他并没有亲身经历殖民时期，但是他回忆说“关于印度独立斗争的讲述充满了我的童年时期，印度次大陆文化的复杂历史受到帝国权力与统治的致命包围，总是产生出敌对与友善的令人不快的残余物”（巴巴 2004：ix）。对此他引用了他早期在孟买读大学时的经历，他说：

（当时他）在这样一种环境中生活，其特征是体现在语言和生活方式上的多文化融合。印度的大多数国际性都市均对这种文化融合甘之如饴，且允许其在地方存在中根深蒂固——包括印度斯坦语的孟买方言（Bombay Hindustani）、古吉拉特语的拜火教方言（‘Parsi’

> Gujarati)、一种协和（mongrel）马拉地语（Marathi）等，并均从属于点缀着盎格鲁-印度土语（patois）的威尔士传教士口音英语（Welsh-missionary-accented），且这种土语有时还要被人们从美国电影和流行音乐中学到的美式俚语所取代。
>
> （巴巴 2004：x）

他对孟买的描述凸显了语言、口音、文化和种族的多样混合但又保持各自独立的状况。巴巴重复使用的连字符号有助于表现那些共存但又未完全混合的个体特性。这种不同背景、不同文化和不同语言的人的丰富多样正是巴巴在其著作中所突出与赞扬的。但是这不是简单的赞扬而是对不同的社会文化群体所处环境具批判性和严肃的政治分析，这些群体 6
在历史上相互影响并在现代国家的空间范畴内继续这种影响；这是一种取决于权力不均衡分配的相互影响，而权力的不均衡分配则产生了文化缺失和种族歧视的等级体系。

这种不同背景、不同文化和不同语言的人的丰富多样正是巴巴在其著作中所突出与赞扬的。

巴巴将自己 20 世纪 70 年代在牛津大学学习英国文学的阶段称为印度中产阶级家庭正规教育的顶点，而这种正规教育的目的在于达到英式品位、传统和习惯上的精英标准。在牛津，巴巴成为英国学者、一位移民者，以及一位在前殖民地宗主国接受高等教育的外国人。他进入一种难以分辨的中间地带，在那里一个人（或一个社会群体）“既不是自己，也不是他人”，“既不在这里，也不在那里”。这种境况使得巴巴对“非主流作家的作品，被忽略的文学作品和文学著作中被忽视的主题”（巴巴 2004：xi）产生了兴趣。巴巴对这些作家和文学作品的关注一直延续到了今天，并扩展到女作家、少数派艺术家和聚焦边缘群体的电影人的作品，同时排斥当今社会中以获取经济利益为目的而产生的文化作品。尽管巴巴不断提到文化的边缘以及文化之间的区域——即他所谓的第三空间——且事实上文化的生产力确实也位于这个区域中，不过他无意颂扬边缘和外围文化。他只是简单地希望能有更多的人关注到无论过去还是现在这种边缘化状态都是世界各国间不平等关系的最切实的表现。也正是由于这个原因，他表达了对西方国家引领的市场经济影响边缘群体的文化生产这一现象的关注。而对于少数派及外围艺术家的作品，巴巴这样说道：

7 我确实希望能将生存、生产、劳动和创作在一个主要的经济动力和文化投入都指向远离你、远离你的国家还有你的人民的方向的世界体系（the world-system）中将之图像化。

（巴巴 2004：xi）

巴巴对用词的选择暗示着他把自己也包括在内。含糊的第二人称（你），“你的国家，你的人民”，这是一种概括的方式，而他自己也是其中的一部分。巴巴强调了作为少数派的一分子，无论是在种族上或是艺术上，从事边缘性工作来抵制市场驱动的经济时所面临的束缚和困难。同时，巴巴认为被边缘化以及边缘艺术家的作品在政治上都是有争议的，因为它们挑战了将他们自身边缘化的社会结构。而且，边缘化的文化生产力从未被世界体系充分吸纳的这件事，恰是民主表达受到限制和这个世界体系无法完全消除差异的证明（对此观点的解释详见第 5 章）。

巴巴对边缘文化产品和边缘群体的边缘性的、非主流工作的兴趣，正是可以将他的理论研究归为建筑学范畴的最为重要的原因。

巴巴对边缘文化产品和边缘群体的边缘性的、非主流工作的兴趣，正是可以将他的理论研究归为建筑学范畴的最为重要的原因。巴巴的理论为尚未被非西方建筑归入其历史范畴的批判方式的发展奠定了坚实的基础，而这也是今天被理论化的、与西方标准相关的方式。在此我要说的事实是非西方建筑师创造的建筑物，以及欧洲和北美洲之外的国家的建筑物总是被历史化和理论化以同欧洲建筑产生关联。比如，
欧洲殖民者认为非洲、亚洲和美洲的土著居民所建造的房屋 8
都是劣质的，因为它们不符合古典建筑的标准。而现代建筑也有同样的遭遇：由于西方建筑、建筑师和理论话语实际上对世界其他地区现代主义建筑的出现起了引领作用，也因此西方历史恰可用来强化这三者在其他地区的霸权（详见第 3 章）。巴巴在批判专制主义结构（殖民主义或其他）时所用的理论，可以赋予此前被忽略和低估（因其与主流建筑叙事不符）的建筑以政治价值，比如原住民在被殖民之前建造的房屋，以及非西方的现代主义建筑。巴巴的理论还有助于发展更为灵活的分析方法，能够用于分析居住在城市贫民区和棚户区的贫困人口所进行的建造，以及在他们生活的城市中所发生的改变。我提到的所谓主流的（或教导性的）叙述，指的是学术话语，比如古典主义、现代主义、解构主义，甚至建筑学本身——即能够有助于支撑上述用以评价世界各地不同于欧美建筑传统的建筑产品的参照体系的论述方式（详见第 5 章）。

让我们来继续了解巴巴的求学和生活经历。20 世纪 80

年代的大部分时间到 90 年代，巴巴都在英国萨塞克斯大学（The University of Sussex）执教。在此期间他发表了多篇关于殖民主义和后殖民理论研究的论文及随笔，其中一部分收到了《文化的定位》（*The Location of Culture*，1994 年）一书中。该书一出版便在文学、文化和后殖民主义研究领域引起了反响。在书中，巴巴表达了对这样一场强力社会运动的认同，该运动始自 20 世纪 60 年代后期并一直持续到 80 年代，促成了社会差异被理解、社会歧视被合法化的方式的转变。后殖民主义的批判家聚焦于文化和文化认同的问题，而不是种族和性别差异。他们将注意力放在人类的一整套实践与历史上，这些原先被简单地归类并贴上黑人、拉
9 丁美洲人、印度人、女人和同性恋等将整个社会文化群体均质化的标签。这是一个开创性的命题，因为它表明这些社会群体既不是像标签所标明的“黑”人（*the* black）那样是均质性的，也不能被孤立地表述，因为身份认同（identities）总是在和他人的关联中构建起来的。实际上，表述的问题在于，后殖民主义话语的核心在将“他人”（被殖民者或少数人群）表述为下等的同时也就将自己表述为了上等。这两个方面（文化并非均质的事实以及不同文化虽不孤立但亦不统一的事实）在对学术权威的后殖民主义批判中处于中心地位，即直指该种权威在殖民时期与当代文化关系中的建构与运作方式。

巴巴在《文化的定位》出版后即获得了普林斯顿大学研究员的职位，同时他还是欧道明大学（Old Dominion University）的教授。随后，他在宾夕法尼亚大学（the University of Pennsylvania）、达特茅斯学院（Dartmouth College）都获得了学术地位。1997 年，他成为芝加哥大学人文学（Humanities at the University of Chicago）Chester D. Tripp 的讲席教授。现在，巴巴是英美文学与语言学的 Anne F. Rothenberg 讲席教授，兼哈佛大学人文中心（the Humanities Center at Harvard University）主任。不仅如此，巴巴作为顾问以及多个学术机构、督导委员会的委员同英国和印度的学术机构保持着密切的联系，在这两个国家及世界上的其他国家举办讲座并进行其他学术活动。

巴巴的理论语境

一般来说，巴巴的作品都是被置于我们所认为的后结构主义（post-structuralism）的语境当中的。“后结构主义”的称谓来自一个欧洲大陆的哲学家团体，主要由法国人组成。他们主要批判“结构主义”的原则。根据结构主义，必定存在一个决定着客体与他者的相互关系的明确的基本结构。这些客体可以是个人也可以是团体，同时也可以是无形的，比如意义、国籍或文化等。结构主义的追随者们主张分析的二 10
元层级系统。在这样的系统中，其中的一个组成部分被认为是高于另一部分的，而意义也是由它来决定的。一个用来解释结构主义的最为普通的例子便是“书”，作者和读者之间就是内在的二元制关系。习惯上来说，读者被期望去了解一本书，了解它的含义以及它所包含的信息。因此，作者被置于主导地位，因为是他 / 她决定了书的含义。另一方面，读者处在次一级的位置上，因为读者所接受的信息和书的含义都来自作者。后结构主义提出拆解这种二元层级结构。这样拆解的例子在罗兰·巴特（Roland Barthes），后结构主义的代表人物之一的作品中可以找到，他写有一篇题目为“作者之死”（*The Death of the Author*）的随笔，通过杀死作者的隐喻，巴特改变了作者原有的权威地位。巴特不再将作者看作全书含义的唯一来源，并且他还“授权”了读者并使之成为书中含义的另一来源。而且，也因为存在很多的读者，因此也就产生了含义（或对书的解读）的增殖。总之，通过这个实例巴特颠覆了作者和读者之间的二元层级“结构”。不仅如此，这一颠覆被看作是后来发展形成的解构主义的基础形式，解构主义经雅克·德里达（Jacques Derrida）之手后成为20世纪晚期最为重要的哲学流派之一。本书第2章通过沃尔特·本雅明（Walter Benjamin）的作品及文学翻译理论研究了其中的一个类似的解构主义案例。在这个案例中，本雅明对“原文”高于“译文”提出了质疑。巴巴以及其他的后殖民理论学家们均借助此种理论操作（即解构），以便找回殖民主义关系中殖民者所占有的，以及其给予的当代文化关系中西方的权威。

巴巴的著作明确地和后结构主义密切相关，因为其提倡拆解社会对立的二元层级系统。为达到使该二元层级系统解体的目标，巴巴使用了多个概念：混杂性（hybridity）、第三空间（the third space）和文化差异（一个与国家的时间性概念紧密相关的术语）。本书会对所有这些概念进行详细分析。在巴巴的殖民主义及当代文化关系批判的整体结构
11 中，每个术语都具有不同的内涵，然而其目的均为挑战二元对立式文化分析方法的过度简化。例如，文化混杂指出，持续的转变是源于文化相互影响的持久过程。混杂的文化是不可分级的，因为它与被殖民者和殖民者的文化都有所区别。此外，由于混杂的过程是永久的，依照罗兰·巴特的观点，这会导致文化的增殖，进而也将突破社会对立的二元层级系统的限制（详见第4章）。第三空间（The Third Space），在巴巴的用法里是指在位置上处于第三，即处于文化分析中

传统二元层级结构之外或之间。第三空间是一种对表述边缘化空间特征的尝试，即模棱两可的文化边缘区域常会产生文化混杂现象。此外，以“第三”为名，是因其弥补了分析的二元层级结构的不足之处（详见第 5 章）。文化差异是巴巴理论中最强有力且最具有政治色彩的概念之一。实际上，它所指涉的尤其是当代的文化关系和今日我们所生活的境况。巴巴提出文化差异这个概念是为了推进对其他观念的批判，诸如文化多样性、多元文化论这些我们都已经十分熟悉的概念。这些术语皆表明不同的文化能够共存于现代国家的空间当中。然而，正如巴巴所指出的，多元文化的振兴与包容多样性的各种形式是结合共生的。这是因为外国民众（文化）要被其他的国家空间认可，只能是在遵循东道国为与他们互动所建立的标准的前提之下。巴巴认为参与并推进多元文化主义的国家应在默认的条件下坚守多样性的承诺，多样性的人口统计要包括高技术、高学历和有经济能力等的移民分类，而不是只有贫民（难民、政治流亡者和非技术型劳动力）。也就是说，文化多样性和多元文化论这两个当代自由政治的时髦术语不过是文化分级的修辞用语，尽管它们声称反对文化分级。这两个术语本身还存在另一个问题，那就是它们以同质性的整体来表述文化，比如英国人（the British）、印度人（the Indian）、黑人（the Black）、拉丁美洲人（the Latino）。这种文化表述消弭了阶级、性别、宗教甚至是种族这些内在固有的差异性，因为，如上所述，很明显英国 12
人、印度人、黑人和拉丁美洲人事实上都是不同质的群体。因此，文化差异的概念旨在揭示存在于所有文化中的内在差异。而这样的结果，则是文化之间的相互作用将不会再采取两极化的历史文化体系来理解，如印度人和英国人的文化体系，殖民者和被殖民者的文化体系，或是东方和西方的文化体系。针对不同文化之间相互影响的研究也证明了其内在差异的存在。所以，文化差异便阐释了被社会文化对立的二元层级系统所构建的权威认知所曲解了的差异增殖现象（详见第 6 章）。

精神分析法的影响在巴巴的作品中可以看到，这在精神分析学家雅克·拉康[①]和茱莉亚·克里斯蒂娃[②]的作品中也可以见到，而这些都是后结构主义的，尽管巴巴也受到了西格蒙德·弗洛伊德（Sigmund Freud）的影响。巴巴曾利用精神分析法质疑身份认同的均质性和完整性。因为在精神分析法中，所有的身份认同都是不完整的，无论是个体的还是集体的。根据精神分析法，思维并不是一个按照从童年到成年的时间顺序线性发展的连贯结构。相反，精神分析学家认为，在某种程度上人类的思维应被描述为不连续的，思维的发展并不遵循依时间发展的线性模式。依照他们的观点，思维是由各种多元共存的、杂乱无章的亲身经历所组成的，或者说是被这些所占据着的，这些经历无论是发生在久远的过去还是最近的日子，都会对我们的行为方式产生影响。同理的，根据精神分析法，（个体和集体的）身份认同总是处在被塑造的过程当中，而这个过程既非线性也非聚合性。所以，身份认同被理解为是复合的

① Jacques Lacan（1901—1981 年），法国精神分析学家，用结构语言学的方法对西格蒙德·弗洛伊德的作品进行了重新诠释，因其见解独到而闻名。拉康的影响超出了精神分析学领域，成为 20 世纪 70 年代法国文化的主导人物之一。——译者注

② Julia Kristeva（1941 年—），保加利亚裔法国哲学家、文学评论家、符号学家、精神分析学家、女权主义者还有小说家，巴黎狄德罗大学（the University Paris Diderot）名誉教授。20 世纪 60 年代法国知识分子运动的领导人。克里斯蒂娃的批判研究同其他伟大的法国思想家，如雅克·拉康、米歇尔·福柯（Michel Foucault）、费迪南德·索绪尔（Ferdinand de Saussure）等有直接的对话与交流。她的工作对文艺批评、精神分析学、结构语言学、女性主义理论和文化研究有深远的影响。——译者注

和动态的，且总是在变化的。而即使是我们自己的个体认同也具有多面性。巴巴从精神分析学那里借用了若干术语，如加倍（doubling）、欲望（desire）、自恋（narcissism），以及更为重要的矛盾状态等。第 3 章将阐述被巴巴称为“加倍矛盾状态”（ambivalent doubling）的精神分析理论如何有助于巴巴重新构想包括殖民地话语及知识在内的、有关殖民主义和殖民客体的认同与否定。

> 巴巴将他批判性的阅读方法应用于令人意想不到的其他“文本”当中，包括视觉艺术、人权和遗产，建筑学也包括在内。 13

考虑到巴巴首先是文学评论家，所以理解他作品的最好方式是跨越学科领域的。他的跨学科性体现在使用不同的分析方法和学科“知识”，如文学、哲学、精神分析学、社会学和历史学等等。而应用不同学科是为了广泛地“阅读”大量文本资料：历史、理论和法律材料，甚至是文学作品（不同历史时期的历史记录、戏剧作品、小说和诗歌）。作为文学评论家，巴巴以不同的方式“阅读”，比如他精读，他比较性地或批判性地进行其他形式的阅读。通过不同方式的阅读，他注意到文本的方方面面，技术性（如语法）、节奏、人物、间歇等等，这些都能够促进对文本的解读。所以毫不奇怪，巴巴会将殖民主义、民族甚至是现代性当作是一种需要批判地进行阅读和阐释的叙事。巴巴将他批判性的阅读方法应用于令人意想不到的其他“文本”当中，包括视觉艺术、人权和遗产，建筑学也包括在内。正因为如此，有些评论将巴巴的作品和他的后殖民批判方式描述为“阅读的形式”（form of reading），这是一种以前殖民地民众和其他少数人群的角度来阅读与阐释历史的方法。正如比尔·阿什克罗夫特[1]所解释的，后殖民阅读是：

> 一种解构主义阅读的形式，通常应用于源自殖民者的作品（但有可能应用于被殖民者的作品），这种阅读形式能论证文本与潜在假设（文明、正义、美学、情感、种族）之间的相互抵触的程度，并且在此过程中揭示（通常是无意识的）文本殖民主义者的意识形态。
>
> （阿什克罗夫特 1998：192）

14 这种在西方的文本中否定如文明和正义的潜在假设的方法，将在第 2、3、4 章的内容中进行讨论。现在我们只要知道巴巴对历史、文学和法律（及其他类型）文本的后殖民主义解读，旨在揭示这些文本固有的自相龃龉，即其对自身所占有的权威合法性的标榜既值得商榷，而在政治上讲亦如明日黄花。

后殖民主义理论

考虑到巴巴是后殖民主义理论的代表人物，所以在此很有必要对“后殖民主义理论”的含义作一简单介绍。但是这

① Bill Ashcroft（1946 年—），澳大利亚新南威尔士大学英文学院艺术与社会科学荣休教授，后殖民理论的奠基人之一。有多部关于后殖民理论研究的著作，其中最重要的两部均是与加雷斯·格里菲斯（Gareth Griffiths）和海伦·蒂芬（Helen Tiffin）合著的《帝国回信：后殖民文学中的理论与实践》（*the Empire Writing Back*：*Theory and Practice in Postcolonial Literatures*）（1989 年）和《后殖民研究：关键概念》（*Post-Colonial Studies*：*Key Concepts*）（1998 年）。阿什克罗夫特的独著作品有《后殖民主义的转型》（*Post-Colonial Transformation*）（2001 年）、《后殖民文学的乌托邦》（*Utopianism in Postcolonial Literatures*）（2016 年）等，均由 Routledge 出版。——译者注

项任务很难实现，因为自 20 世纪 80 年代兴起至今，后殖民主义理论已变得越来越复杂和富有争议，尤其是该理论还超越了文学和人文学科中其他一些学科所最初设置的学科界限。如前所述，后殖民主义理论重读历史的目的是要揭示经济、文化、语言和社会的政策之所以被采用是为了制造并维持殖民者和被殖民者之间的不平等权力分配。近来，后殖民主义的理论和批判已经渗透到政治和经济的讨论中，其目的不仅在于处理西方殖民主义的遗留问题，更重要的，是当代国际关系不平等的问题。正如巴巴自己所说：

> 后殖民批判见证了那些不平等和不均衡的，并在现代世界秩序中参与了对政治与社会权威的角逐的文化表达力量。而后殖民观点则萌发于第三世界国家对其殖民时期历史的见证以及来自东 - 西、南 - 北地缘政治分界体系内的那些“少数派”的话语。这些观点干预了那些关于现代性的意识形态话语，而后者正试图使不同国家、种族、社群和民众的不均衡发展和差异化（通常是居于劣势的）历史成为某种霸权制压下的“常态”（normality）。他们对文化差异、社会权力和政治歧视问题提出了批判性的修订，以揭示现代的“合理性”中存在的对抗和矛盾。
>
> （巴巴 1994：171）

后殖民批判见证了那些不平等和不均衡的，并在现代世界秩序中参与了对政治与社会权威的角逐的文化表达力量。 15

由此看来，对于巴巴，后殖民主义是一种少数派的论调，这为质疑或挑战关于态度和意识的传统假设提供了可能性，据此假设，社会群体中的某些人先天就比他人优越。现代性的意识形态叙述使不均衡的发展正常化，并逐渐破坏其他国家、种族和民众的历史。巴巴要求彻底修正历史上对非主流群体的表述方式和在当今世界秩序中他们被对待的方式，而介入现代性意识形态的叙述则正是巴巴所使用的方式。而在此，重要的是要理解巴巴关注的不是作为一种历史产物的“殖民地状态”，而是持续至今的殖民主义所产生的影响。如果我们仔细思考就会发现，原先的殖民地国家即使现在已经主权独立，却仍然很难有机会在全球的权力机构中占有一席之地，他们代表的是通常我们所称为的发展中国家（或第三世界国家）中的大多数。巴巴在关于当今世界秩序的批判中曾指出，对发展中国家贫困城市的国际援助并不能真正帮助那里的民众摆脱贫困，而且这种援助也不是为了减缓世界权力分配的不均衡。正相反，这种提供给发展中国家的、附带经济、教育和技术的、“有条件的”的援助恰恰是为了让第一世界国家能够保持其权力地位。巴巴用贷款人向受益人（受援助者）索要商业利润的例子来解释这种有条件的援助。比如，帮助发展中国家培训种植某种农作物的人员，借钱使他们能够建设必要的基础设施，提供机械设备帮助他们完成工作等。反过来，贫困国家会被要求以很低的价格出售产品给这些提供了援助的第一世界国家，此外可能还会被要求为这些国家日后的商业投资提供税收优惠政策等。如此推行全球
16 政府（global government）的方式正是以前殖民霸权控制策略的延续。

长久的贫困以及随之而来的、基于经济霸权的对全球化权力的维护不是巴巴关注的唯一问题。他还关注这样一个事实，那就是这种等级结构导致了与那些占统治地位政党所主导的不相同文化实践的缺失。巴巴经常去艺术世界寻找证明自己理论的方法。现代艺术，或是西方艺术的其他形式，比

如立刻就会在脑海中浮现的“年轻英国艺术家”（Brit-Art）作品，已经主导艺术市场逾百年，这伤害了那些不愿遵循由强势的艺术品商人、画廊和收藏家所设定的规则的其他从业者。我们已经提到过一些建筑语境中的相似实例，在某些地区，非西方的建筑只有在符合西方的学术叙述和建筑分类方式（古典主义、现代主义、高技派等）的前提下才能被记入建筑史中。基本上，后殖民主义话语的目的，至少在巴巴看来，是要挑战已被普遍接受了的西方的权威话语，并继而重新阐释甚至重新塑造知识生产的方式。由此，其他民众和其他文化的产物也就能够被考虑在内。换句话说，这是一次对开放西方学术空间，并使边缘民众的话语和文化产物有可能得到承认的尝试。

那么建筑师对此又该做些什么呢？有关于此的讨论又是怎么延伸至建筑学领域的呢？答案既简单又复杂，因为建筑和建筑师同上文提到的社会文化结构和政治霸权极为相似。建筑是殖民者用来强化新的社会和政治秩序以及维持殖民统治的手段之一。比如，殖民城市可用来教育野蛮的被殖民者如何改进居住形式。介于参照了西方的观念和技术，被殖民者被看作是无知和落后的，他们便被迫学习欧洲的方式，包括如何有秩序地（而不是像野蛮人那样）在城市中生活。与此同时，
不论是在城市范围之外还是在边缘区域，房屋的合理组织（如 17
正交网格）都有助于保持不同种族与居住在城市核心区的殖民者的区分。正因为如此，殖民地城市被视作“文明化任务”的空间物质载体，同时也表明了殖民化的暴力侵犯。

建筑是殖民者用来强化新的社会和政治秩序以及维持殖民统治的手段之一……

对于为什么这个讨论与建筑和建筑师相关以及为什么认为建筑和建筑师同殖民地的主流话语有着极大的相似性，其原因在于建筑历史的书写方式。正如本书将从不同角度加以论证的那样，建筑的历史是建立在以欧洲建筑为权威参照体系的基础上的，因此被殖民者和其他少数人群的建筑物只有在符合这个参照体系面貌的前提下才会被记录。这就是为什么直到最近（乃至当下）非西方建筑只有在**貌似**西方建筑或具有西方建筑特征的情况下才会出现在建筑历史书中，而且仅仅是提及，如印度建筑师柏克瑞斯·多西（Balkrish Doshi）、马来西亚建筑师杨经文（Ken Yeang），以及巴西建筑师奥斯卡·尼迈耶（Oscar Niemeyer）所设计的建筑作品。第 4 章将讨论这三位建筑师的作品之所以获得赞赏，正是因为它们达成了与欧洲观念的高度吻合。或是正如威廉·柯蒂斯（William Curtis）对多西的解读，他认为多西的“发展是与印度的状况相适合的现代建筑的缩影”（柯蒂斯 2000：572）。甚至有观点认为，多西的作品是对勒·柯布西耶，即他先前的雇主与导师的现代主义建筑的改编。由此，非西方的建筑只能依照欧洲的观念和审美来理解。而事实上，这是一种“使不同国家、种族、社群和民众的不均衡发展和差异化历史成为某种霸权制压下的常态”的论调，而在后文的引语中巴巴谈及了此问题。正如我们所知道的，建筑师们都确实赞同此论调。

18 第三个值得一提的是这种历史的记录方式对普通人在生活中所创造的建筑物是不予考虑的。这里所说的建筑物是指贫困人群在不利于贫困者的世界体系中，为了生活、工作所居住的贫民区、棚户区以及他们在城市中心区占用的空间。这些建筑物可能不论以何种方式都不符合世界范围内所用的评价建筑产品的参照标准，但它们却是对生活在文化边缘、处于社会阶级和经济阶层之间以及多数情况下完全处在全球资本核心范围之外的少数人群的现实和复杂需求的回应，而这也是为何带有特定社会政治目的的巴巴本人的后殖民主义理论对建筑的研究而言更为中肯，重述建筑知识的产生方式是十分重要的，因为赋予非西方建筑师的作品，包括那些被殖民者、移民和少数人群在城市空间及其建筑物的持续建设中所建造的建筑物以正确性并给予它们认可是十分必要的。

巴巴与建筑

巴巴对边缘文学和艺术实践的兴趣近来拓展到了建筑领域。2007 年，巴巴担任了“第十届阿卡汗建筑奖”（the Aga Khan Award for Architecture）的评委。该奖项创建于 1977 年，目的在于表彰在建筑领域有突出成就的穆斯林。当然，这是一项复杂的任务。理论上说，这样一种区分方式造成了穆斯林和非穆斯林的两极对立，不过该奖的真实意图绝非基于这样一种简单的前提，而是“旨在推动穆斯林社会的建筑创新，评选范围不仅包括穆斯林国家，还有作为全球移民社群之一分子的其他穆斯林社群”（巴巴 2007）。通过“散居”（diaspora，在此，指出了居住在穆斯林国家之外的穆斯林民众）的概念，巴巴使“穆斯林世界”的位置变得不确定，不受地域政治边界的限定。他的定义既包括穆斯林 19
国家 - 地区，也包括世界范围内的穆斯林个体和社群。

当然这并不是说国家和国家的边界在当今世界没有相关性。巴巴强调边界的存在，而且考虑到全球市场经济的状况，二者之间的相关性可能比以往更加密切，单一民族国家和国家的边界需要很精确，这样“国际”经济才能够存在。然而巴巴认为，在国家持续保持其政治正确性的同时，在当代国家中还并行着另一维度，即一种内在平行的时间性，它能够跨越地理的边界。这种时间性，或者说国家的另一维度，在符合当代世界秩序，且难以分类的移动性民众中得以呈现，而他们也恰好处于法律控制的刚性边界(rigid border)之上(详见第 6 章)。由此，穆斯林建筑不再简单的是特定地区的建筑，或是与某种特定形式特征，即一种刻板印象相关联的建筑。以同样的方法，巴巴详细说明了“从穆斯林的**社会**到穆斯林的**现实**这一词汇上的转变反映了当今我们作为跨越文化界限和国家边界的文化交融、信仰多元社会中的一分子的生活方式”(巴巴，2007 年)，我们必须把建筑从对外形的依赖中解放出来，以便思考建筑要如何回应它为之服务的民众的**现实**需要。在这里巴巴再次强调，我们社会构成中的差异通常是与同质性社群的思想观念以及社群中的人们的真实情况直接相关的。这当中可以包含他们不同的种族、信仰、社会关系、政治倾向，或者单单只是他们在与自身具有本质联系的国家领土之外定居的地点（如居住在南美洲，而不是在迈阿密或纽约的拉丁美洲人)。

有趣的是巴巴并不是建筑师，但他通过对“细节”而非宏大的建筑（整个建筑物）的关注展开论述:

> 尺度是一个复杂的度量方式，不仅仅是指尺寸大小，而细节往往是整体中最具表现力的要素。在针对跨越文化、传统、城市和乡村环境的连续性及差异性的研究中，我们急于寻求宽泛的概述、刻板的对照、宏大的框架还有和谐的视野。但是在绝大多数情况下，历史转变中文
> 20 化传递的精妙过程都是在“重叠时刻”发生的，且都是处在一个宏大的表述模式中。在文化构成的边界或边缘

会出现一些几乎无法察觉的事物——如建筑或书籍——它们预示着即将到来的变革与创新。

（巴巴：2007）

这段引文需要仔细阅读，因为当巴巴提到建筑细节的时候，他实际上更涉及了更大、更宽泛的问题。很明显巴巴在建筑细节中发现了重要的建筑价值，再小的建筑构件都与人们实际使用它们的方式相适应。对巴巴而言，建筑细节（门把手、窗户、窗锁、幕墙、散热器）传达的是一种人文感受，它们提示出居住者的存在，并留下关于居住状况的种种证据。我们可以很肯定地说，巴巴是在近距离地、仔细地、追根究底地“阅读”建筑，而他也以同样的方式检视着文学文本。他在考虑整体文本和建筑的同时，也在寻找不同修辞形式和语法结构之间的相互影响和并存形式。巴巴的论述也有助于解决另一个更有争议的问题：即在解决建筑身份特征的问题时，建筑师经常看到的是“错误的尺度”。如上文所述，非西方建筑的历史是建立在建筑制造的参照系统的基础之上的，该系统根据外观形象、材料或结构技术对建筑物进行分类。而建筑回应人的方式却很少受到关注，不仅是指对环境的回应方式还有对个体的或集体使用者的回应方式。这就是为何巴巴提示我们“在这个国际交通不断增多的世界中，特性和地区的识别标志，即差异的生产性识别标志，常常存在于**具有说服力**的细节中，而其讲述的即是传统与社会变迁的对话。”（巴巴，2007 年）

我们可以很肯定地说，巴巴是在近距离地、仔细地、追根究底地“阅读”建筑，而他也以同样的方式检视着文学文本。

巴巴不经意的，或许是非常慎重地提出了，在当今文化

关联的背景下，我们应当如何审视我们将建筑的生产理论
21 化与历史化的方式。巴巴将建筑物转化为一个文本、一种叙述，由它联系起它的作者和读者。同时，如他通常对待文化的方式一般，巴巴将建筑——建筑物、城市和空间——视作存在于“第三空间”的客体，文化在这个区域内是最富有生产力的，因为建筑物（和城市）总是隐喻性地处在建筑师的利益、开发商的经济预期和规划法令之间，同时还处在被使用者不断地重新标识当中。当然，建筑物为人提供了表现和表达其差异的物质空间。尽管建筑物本身是恒定不变的，但是在文化意义上它们也并不是静止的，因为它们表达的，是不同的人（使用者）、权力、技术和社会变化之间矛盾冲突的叙述。

尽管建筑物本身是恒定不变的，但是在文化意义上它们也并不是静止的，因为它表达的，是不同的人（使用者）、权利、技术和社会变化之间矛盾冲突的叙述。

本书的编排

本丛书的这一卷介绍了霍米·K·巴巴的作品如何广泛地促进了建筑研究的发展，不仅关注世界范围内的殖民地或原殖民地，同时还关注西方世界的过去与现在。为此，我们将主要讨论巴巴最具影响力的作品《文化的定位》，当然，我们也会对发表在其他书籍、期刊和杂志中的论文进行探讨。本书的第 2 章和第 3 章在某种程度上是对导言部分的延续，提供了关于殖民主义、殖民活动、用以构建和实施殖民权力的策略的基本历史背景。后殖民主义理论的术语通常被认为是难以理解且容易混淆的，所以在这两章

中也会对此进行详细阐释，以便于进一步理解巴巴的其他 22
理论。第 2 章和第 3 章主要目的是介绍“转变”和“矛盾状态”这两个概念，因为它们对于理解巴巴的作品及他的分析方法非常重要。第 3 章讨论了非西方建筑被“矛盾地”载入别样建筑的历史的方式。而这实则是一种对建筑历史的后殖民式阅读。而讨论的目的在于证明巴巴的批判方式对于建筑的研究是同样适用的。

后面三章的内容分别聚焦于巴巴的三个最深刻的概念：混杂性，第三空间，以及教导性和演现性（performative）。为了更具理论性，行文的语气和风格会略有变化，对此无需感到疑惑。文中还包含了对巴巴作品的评论的注释，而这是为了简化看似复杂的内容。对巴巴作品的评论的引用是另一种有助于理解巴巴理论的方式，这显然比避而不谈要好得多。换句话说，这些评论以指出巴巴作品中缺点的方式提示我们，并指出如何在建筑的语境中“不”去运用巴巴的观点。这三章包括了扩展至建筑的讨论，若干巴巴作品中隐含的、建筑的替代“阅读”的实例，还有建筑的实践、理论化和历史。还要注意的是这三章是按照时间顺序编排的。第 4 章的重点是对殖民地建筑的研究，而第 5 章和第 6 章是针对当代实例的研究。按照时间顺序来编排内容主要是为了展示巴巴在其作品中提出的后殖民主义的批判方式既能够应用于历史建筑的研究，同样也适用于当代建筑实践的分析。

第 4 章的重点是混杂性和混杂的概念，这两个术语已经
被建筑师用于非欧洲和北美洲建筑的创作研究，即使最近时 23
常被用来讨论欧美建筑。混杂和混杂性的概念有助于创造与建筑和城市研究所涉及的文化、政治和社会的各方面相关联的、具有选择性的建筑分析方法。第 5 章阐述巴巴作品中的另一个重要术语——第三空间，涉及建筑和空间的研究。尽

管巴巴以隐喻的方式使用该术语，自己并未深入发掘第三空间的相关理论，但其他的理论家如亨利·列斐伏尔[①]和爱德华·索加[②]都应用第三空间概念发展了空间和区域分析的创新方法论。第6章关注“教导性”和“演现性”，巴巴运用这两个概念展开了针对建立在启蒙运动的原则如理性主义、发展进步和同质性基础上的、现代民族的批评。通过揭示民族的多重时间性（教导性和演现性），巴巴认为民族文化的持有者应该是民众。正如巴巴的其他术语——混杂性和第三空间——他的目的在于将文化定位于文化构成的阈限性区域内。第6章的结尾部分对新加坡、印度和智利的三个当代案例进行了分析。本书结构的排布意在能够反映概括不同历史时期和不同地区的内容，比如包括如拉丁美洲这个后殖民主义建筑理论很少涉及的地区。本书还在关于巴巴作品的讨论和关于建筑实例研究分析的讨论二者间进行了权衡，后者强调巴巴的论点怎样为质疑霸权的常态化提供了机会，而这种霸权的常态化是为了长期保持针对非西方和少数人群建筑的不平等的、有区别的建筑历史和理论记录。

---

① Henri Lefebvre（1901—1991年），法国哲学家和社会学家，以开创了日常生活的批判、提出城市权力概念和社会空间生产概念而闻名于世，其研究领域还涉及辩证法、异化论、斯大林主义批判、存在主义与结构主义。一生出版60余部专著和300余篇论文。本系列丛书的《建筑师解读列斐伏尔》分卷（Nathaniel Coleman 著），中文版即将由中国建筑工业出版社出版。——译者注

② Edward William Soja（1940—2015年），当代著名的后现代政治地理学家和城市理论家，自称为“城市学家”（urbanist），生前任教于美国加利福尼亚大学洛杉矶分校（UCLA）城市规划系，兼任英国伦敦经济学院（London School of Economy）城市规划的教授。索加是以空间形态和社会正义方面的著述而闻名于世的空间理论家。2015年获 the Vautrin Lud 奖，这是地理学界的最高荣誉。他的研究集中于空间与社会的后现代批判分析，对空间理论和文化地理学研究领域最大的贡献之一是对亨利·列斐伏尔理论的发展，更新了列氏的空间概念，其中即包括第三空间概念。——译者注

第 2 章

翻译 24

译者在文学翻译中面对的是原文的存在，要将其转译为另一种语言，继而可以使其他国家、其他文化的人能够了解、能够阅读、能够理解。正因为如此，翻译暗示着一种跨越不同语言障碍的置换。但是考虑到意义是在语法以及历史的基础上建构起来的，这种置换则并不是一个简单的过程。除此之外，还有一个事实是，在使用者日常使用语言时也会产生新的意义，不受规则（语法）也不受历史的限制。意义能够完全地从一种语言传递到另一种语言吗？一本书会被另一种语言、文化的读者做出不同的解读吗？一本书会保持其作为“民族文化”标志的意义还是会因为远离被转换成差异的象征呢？这些问题是关于文学翻译的核心争论，但是其影响却超出了这一学科领域的范畴。的确，翻译这个概念为研究非文学的主体，比如建筑，如何跨越文化的边界（例如，建造、形式、技术及其背后的观念）提供了充足的机会。

的确，翻译这个概念为研究非文学的主体，比如建筑，如何跨越文化的边界（例如，建造、形式、技术及其背后的观念）提供了充足的机会。

在基础层面上，殖民主义涉及多种形式的翻译，它们或多或少同时发生。举例来说，移民到殖民地——或反向的——物理性转化（置换），随之而来是强制地需要不同语言间进
行交流（需要语言上的转化），还有大多数情况下强制施行 25

的宗教、经济和政治制度也需要“翻译”（改编）以便在欧洲之外的不同地区实施。毋庸置疑，建筑和城市规划也是这个过程的一部分，因为建筑既可以是文化优越性的象征，也可以用作社会政治控制的手段。那么建筑要如何在这些方面有所作为呢？答案非常简单：正如基督教作为传播文明的方式被传授一样，殖民者通过提供优于被殖民者居住的原始小屋的建筑来传递他们的生活标准。此外，殖民者还会以某种土地组织方式（规划）使城市有效运作。因此，强加给殖民对象的不仅是居住模式，还有整个社会的经济效率系统，通过城市规划的方式（比如，使用正交网格）。因此，建筑也成为文明教化任务的组成部分，对此本书将从多个不同的角度进行阐释。

对巴巴来说，翻译的概念有助于发展对殖民主义的解构性批评……

显然翻译的概念引出了关于殖民者和被殖民者之间关系的各种各样的问题。这些问题中隐藏着殖民关系中的等级制度。这就是为何霍米·K·巴巴发现这个概念在挑战“原作”固有的优势地位时十分有用，在巴巴的作品中，“原作”即是指殖民者的文化。对巴巴来说，翻译的概念有助于发展对殖民主义的解构性批评，换句话说，这是一种在殖民与被殖民的关系中颠倒了二者位置的批判。巴巴将翻译的概念用作批判术语，主要是参考了德国哲学家沃尔特·本雅明的作品，他有很多篇关于文学翻译的文章。然而本雅明的影响波及文学之外的许多领域，包括文化理论和后殖民理论，以及建筑学。本章将系统阐述为何本雅明的作品如此重要，以及他的作品如何有益于后殖民批判。

沃尔特·本雅明与“译者的任务” 26

“译者的任务”(*Task of the Translator*)是沃尔特·本雅明最著名，实际上也是最有影响力的文章之一，是他在将波德莱尔[①](Baudelair)的《巴黎风貌》(*Tableaux Parisiens*)译成德文时所写。令人惊叹的是如此简短的文章竟成为翻译研究领域的核心参考书。如标题所示，在文中本雅明阐释了作为译者，他如何定位自己的角色。接着他论述了语言的进化发展以及由此带来的、从一种语言到另一种语言意义传递的困难。本雅明文中所提出的论点和经由翻译到达大多数受众的事实（因为原作是用德语写的）说明，翻译是一种不可或缺的跨语言、跨文化的思想交流手段，也是一种用来传播文学作品的手段。为了总结其内容，我将讨论本雅明此文对巴巴产生的三个方面的影响：首先，语言总是处在历史发展（进化或形成）的过程当中；其次，语言之间是相互关联的，而这一特征本雅明称之为语言的“亲属关系”(kinship)；再次，译本独立于原作而存在，或者说一旦翻译出来就独立于原作。

要理解巴巴在写作中提出的许多关于殖民话语的论题，第一个方面是非常重要的。本雅明尖锐地指出，语言不是一个惰性结构。直白地讲，语言不是死的，正相反，语言是一个动态系统，历史上曾发生过变化，并且从不会停止变化。他强调“曾经听起来很新鲜的表达方式以后听到可

① 查尔斯－皮埃尔·波德莱尔（Charles－Pierre Baudelaire，1821—1867年），法国作家、诗人、翻译家、文学与艺术评论家。代表作《邪恶之花》[*Les Fleurs du mal*（*The Flowers of Evil*，1857年）]是19世纪出版的最有影响力的诗集之一。——译者注

能会感觉很陈腐，当下的时尚用语日后听起来会很古怪”（本雅明 1999：74），以此来阐明他的这一观点。比如，当今很少有人会在交通拥堵的路上大喊“但愿你的喉咙起水泡，你这个狂吠不止、亵渎神明、不近人情的狗”。在今天，你可能听到的是非常简短的表达：两个词，几个字母而已。莎士比亚的《暴风雨》（*The Tempest*）中塞巴斯蒂安咒骂水手长的那一幕和今天能听到的大多数侮辱性语言之间存在的极大差异，就是语言在时间中伴随着文化不断发生变化的例证。此外，本雅明认为，鉴于语言的动态性，试图
27 在语言的表达（字词或短语）中寻找语言的本质或者任何形式的理想化意义都是徒劳的。而这样做法忽视了语言始终在变化的事实。“更确切地说”，本雅明认为语言的转化（transformation）（他用了这样的表达，语言的“成熟过程”），“思想的无能为力将会意味着对这种最强大、最富有成果的历史进程的否定”（本雅明 1999：74）。理解为何本雅明将语言的转化视作一个最强大且最富有成果的历史进程是非常重要的。因为在这些情况下，翻译会变得异常复杂，因为所有的语言都处在动态变化中，不仅是原作的语言，译本的语言也是如此。所以，对本雅明来说，翻译并不是简单地把信息从一种语言转移到另一种语言的机械性行为，用他自己的话说：

> 翻译绝不是各种文学形式在两种无生命的语言之间的枯燥的等式转换，而是肩负着特殊的使命，守望着原作语言的成熟，并承受着译本诞生的阵痛。
>
> （本雅明 1999：74）

因此，如果语言总在变化，那么翻译始终不是完型的而只是暂时性的，随着语言发生变化翻译就需要更新。而且，语

言的某些方面难以翻译，所以翻译是具有“语言外来性”（本雅明 1999：195）的暂时妥协。而外来性的观点来自语言既有差异又相互关联这一事实。

上述第二个方面，即语言的亲属关系看起来似乎令人迷惑。其实可以扼要地总结为（下文将述及），语言亲属关系的观点使理论上的众多可能性得以实现，在此我将援引其中的几个案例，但若要全面了解仍需再进行更深入的分析。对本雅明来说，语言之间的关系是似是而非的，因为就意义表达而言，它们是互不相同的但同时在含义上又相互补充。本雅明所指的与其说是语言表达的内容，毋宁说是人们通过语 28
言表达的内容。本雅明指出，不同语言的字词在表示同样的事物时，可能会因为不同的历史或者因为在不同的文学作品、讲演中使用而被赋予不同的社会文化意义，它们可能原本表示同一事物，但是表意模式却在原意和听者的理解之间造成了隔阂。本雅明通过比较德语词汇“brot”和法语词汇“pain”的含义解释他的观点——巴巴在他的“新事物如何进入世界”（*How Newness Enters the World*，巴巴 1994：212-35）一文中也引用了这个例子。尽管这两个词的意思都是“面包”，即所指的是同一个事物，但“表意模式”（取决于各种社会、文化和历史的因素）却可能有所不同。因此，这个相同的词可能对德国人和法国人而言指的是不一样的东西，比如说，法国的面包大多是白面包（如长棍面包），而在德国则通常指的是黑面包（如全谷物面包）。由此我们认为，从法语到德语的翻译并不能简单草率地进行，因为它们的含义会受到许多非文法因素的影响。换而言之，意义不仅存在于“意思表达的客体”（面包），因为它是由“表意模式”（语境）决定的。现在，如果这就是一种语言排斥另一种语言的方式——两个表示同一事物的词汇在各自的历史中获得不同的意义——那么本雅明认为它们也能够相互补充。这种补充来自"面包"（实际的面包）所带来的两种语言之间的联系，使两种语言在这个单词中所附加的意义能够互相补充。简单来说，利用"表意模式"，译本的读者可以了解决定这个词的源语言意义的更为广泛的社会、文化和历史背景。因此"译者的任务包括找寻他/她所翻译的语言的预期效果以创造与原作的共鸣"（本雅明 1999：77）。同样，翻译实践使译者成为改变原作文本（文学意义、语法、韵脚……）的语言的
29 代理人，以达到用另一种语言表达预期效果的目的。本雅明通过回声（或者混响）的比喻说明，原作和译本是追随不同路径的各自分离的实体，尽管他们不可分割。

对巴巴的作品产生重大影响的第三个方面是译本独立于原作的观点。本雅明的文章中有一段引人回味的文字，他说：

> 正如相切依据的法则不是点在直线上的无穷延伸，而仅仅是在圆上的一点接触，译者仅在意义无穷小的点上轻触原文，随即便要在自由变化的语言中循着精准的法则摸索自己的方向。
>
> （本雅明 1999：80-1）

让我们回到莎士比亚《暴风雨》中那非同凡响的骂人一幕，"但愿你的喉咙起水泡，你这个狂吠不止、亵渎神明、不近人情的狗"。在如今交通拥堵的道路上备受困扰的骑车人不会再这样骂人的原因是喉咙起水泡已经不再是威胁生命的诅咒（莎士比亚将"水泡"作为疾病的统称使用）。此外，现在看来，在这种情况下用亵渎神明的宗教内涵和无情无义来骂人也是毫无意义的，相对地，大声喝出一个四个字母的单词并举起胳膊应该更有效果。如上所述，语言是不断变化的，但是如何证明译者也需要摸索自己的方向呢？如果译者

试图将文中两种表达的任意一种（一字一字地）翻译成另一语言，可能无法产生任何意义，更不用说表示咒骂了。因此，作为译者，需要寻找到一种目标语言中的骂人方式，使得译文和英文原文中的两个咒骂（莎士比亚式咒骂和现代俚语）能够表达同样的意思。这样做，相较于意思表达的客体：水泡、亵渎神明、无情无义或狗而言，译者更关注的是“意思表达的模式”，从而使译文与原文相区别，“在自由变化的语言中循着精准的法则摸索自己的方向”（in pursue of its own course according to the law of fidelity in the freedom of linguistic flux）。换句话说，译文通过试图表达预期效果的方式来真实地表达原文的内容，但是在语言结构（语法、韵律、韵脚等）方面却有所区别，使得译本成为具有其自身 30
特征的文学实体。因为译本不能脱离原作而存在，所以本雅明断言对于原作，保留二者之间的关联不是翻译最有价值的作用。正因如此，本雅明认为翻译是对原作的**再创造**而不是“复制”。他进一步指出，“原作的生命在译本中得到前所未有的新生并且更绚烂地绽放”（本雅明 1999：72）。这一观点对巴巴影响很大，因为它消除了原作被赋予的高出于译本的层级观念——这就是解构主义。

当翻译被理解为再创造和反转时，它就获得了适合批判殖民主义和当代统治体系的政治维度。

既然是这样，翻译就被看作是原作得以继续存在和随着历史而转变的工具。因此，译本是原作重要且必不可少的“一部分”，原作通过翻译获得生命的延续，为了存在或持续存在它们彼此需要。这样一种动态的层级转变对巴巴的作品而言再合适不过。而这也就是为什么翻译的理论在文化不平等状况下对文化交流动态的探索起着如此重要的作用。当翻译被理解为再创造和反转时，它就获得了适合批判殖民主义和当代统治体系的政治维度。如此就很容易理解为何本雅明的翻译理论会居于巴巴理论的核心位置。

巴巴作品中的翻译

让我们回到对殖民主义的描述，这是被视作随处可见的
“翻译”现象的描述：由移民到殖民地或反向的翻译（物理意
31 义上的），以及随之而来的不同语言间交流的需求（语言上的
翻译），常见的需要适应的在不同地区强制施行的教育、宗教、经济及政治制度（文化上的翻译）。在这种情况下，翻译并不是处于两种平等的语言和文化之间的中立性操作。对殖民主义来说，翻译演变成建构和运作欧洲霸权的工具。如前章所述，对这一观点的论述聚焦于三个方面：首先，将其他的表述皆视作低级的；其次，是对欧洲语言的学习；第三，消除差异是控制的手段。本书会反复涉及这三个方面的内容，故在此不作赘述。另外，需要特别提出的是，翻译的“实践”是如何被作为殖民统治的手段，以及对翻译“理论”的后殖民评论如何发展了关于翻译实践的批评。

……对**原始**殖民对象的表述是一种将他们同时作为主体和低等主体进行“构建”的方式。

为了理解第一个方面，我们需要注意的事实是，在欧洲殖民者抵达殖民地后，通过他们提供的对一无所知的异域民族——他们的殖民对象的描述，身处大都市的观众们滋生出了一种需求和渴望。这样的描述以信件、报道、备忘录、法律

文件和书籍等形式出现。为了更有效，这些描述需要有参照物，即被人所熟知的形象以供比较，以创造出被描述对象的清晰图像。在此情况下，可供比较的参照便是欧洲人自己：他们的历史、艺术、时尚、语言、法律以及社交礼仪等等诸如此类。结果，由于以欧洲人为标准进行对照，殖民对象不可避免地呈现出与欧洲人相反的特征：赤身露体的、黑皮肤的、孱弱的、有性别特征的、未受过教育的野蛮人。从这个角度来说，对**原始**的殖民对象的表述是一种将他们同时作为主体和低等主体进行“构建”（constructing）的方式。18 世纪的人类学家 32
尝试为既包括普罗大众也包括学者们在内的欧洲观众建立一个关于未知民族的科学知识系统——他们将这种实践定义为“文化翻译”：将一种文化进行翻译使其他文化的成员能够理解的过程。然而，很明显这种文化翻译的模式由于赋予欧洲文化以权威性而造成了不平衡的关系。更重要的是，在某种意义上文化翻译证明了殖民是合理的，它表明了进一步向落后的殖民地传授欧洲的知识的**必要性**。

在开始讨论第二个方面之前，值得一提的是这种文化表达或翻译的形式，简化（或基本化）了殖民对象及其文化。殖民对象被黑皮肤的、孱弱的、性别化的、未受过教育的、无诚意的或者野蛮的这类描述加以简化概括，按本雅明的话说，这是对多样性以及语言和文化的历史变化的否认。事实上，巴巴将这种给殖民地民众贴的标签称为“殖民地的刻板印象”——对文化、历史和人种差异的过度简单化的描述。对巴巴（以及本雅明）来说，这种刻板印象并不是简化，而是不真实，可能对于部分殖民对象的客观描述是准确的（比如某些殖民对象确实是黑人）。但是问题在于将他们描述简化为一个自我包含的、完整的、不可变的集合，从而忽略了他们在此之前所经历的历史进程。简单来说，殖民地刻板印象的问题不是在于将殖民对象描述为，比如黑皮肤的，而是暗示了所有的黑人都是一样的这一事实。正因为如此，殖民文化翻译将殖民对象从其自身的历史中分离出来，将其作为可识别的对象置入欧洲的历史中，而他们的差异又是对殖民者优越性的认可，由此证明了殖民干预的有效。

这将我们带入了对第二个方面的讨论：欧洲语言的教育
33 与教学。既然这是在殖民对象是低等的（无需证实）这个前提下，要向他们展示西方文明的好处，殖民干预就是不可或缺的。

这也是为何大部分被殖民者需要接受欧洲语言和欧洲方式的教育。值得一提的是，教育的重任很大程度落在传教士（尤其在英国、法国、葡萄牙和西班牙殖民地）的身上，因此欧洲式教育完成的同时也实现了多项目标：传播欧洲的知识、使原住民赞叹西方文明的伟大，以及传播基督教信仰。在第4章将详细讨论麦考利[①]在其声名狼藉的《1835年备忘录》（*Minute of 1835*）中所描述的：

> 英语教育的作用是塑造一个阶级，能够在我们（英国人）和我们统治的数百万人之间充当翻译；这个阶级在血统和肤色上是印度人，但是在品位、道德和智力上是英国人。
>
> （麦考利：1835）

① 托马斯·B·麦考利（Thomas Babington Macaulay，麦考利男爵一世，1800—1859年），英国历史学家、散文家、评论家，英国皇家学院院士、辉格党（Whig）派政治家。写作了大量关于当代及历史的社会政治主题的散文。代表作《英格兰史：自詹姆士二世登基以来》（*The History of England: from the Accession of James the Second*）是辉格派编年史的范例，影响深远，其文学写作风格备受褒扬，但进入20世纪以后，其历史观点广受谴责。——译者注

传教士在殖民地承担的一项最重要的任务就是把殖民对象的历史翻译成欧洲的语言。在这种语境中，翻译既是语言的翻译（从本土语言到欧洲语言），也是历史的如实书写，因为在非洲和美洲的某些地区，历史并不是被书写下来的，而是口耳相传的。因此，传教士创作了依照西方的古典学术标准（即时间发展的线性顺序）撰写的记录殖民对象的历史、技术与宗教的文字化版本，然后再将此历史作为教育的内容教给殖民对象。例如在哥伦比亚，天主教神父会用西班牙语向穆伊斯卡人[①]讲述波齐卡神[②]。在穆伊斯卡的传统里，是波齐卡排干了穆伊斯卡人居住的安第斯（Andes）山谷中的水，而那里就是现在的哥伦比亚首都波哥大（Bogotá）。而与此同时，穆伊斯卡人也被告知这个故事在科学上是不可能的。在这种情况下，殖民对象“了解”他们自己要通过翻译——语言的翻译，还有殖民者的教育模式——接受殖民者在其先进文化中给他们安排的位置。与此相反的情况也会发生，多是传教士去学习殖民地的语言，并以此编写“语法”和“字典”以便交谈和学习。在此过程中，传教士使其他语言合理化并将 34
它们也纳入欧洲体系当中。而这两种形式的翻译都以传播欧洲的优等文化为目的。

---

① 穆伊斯卡人（Muisca），也称奇布查人（Chibcha），南美印第安人。15 世纪末西班牙人开始侵占拉丁美洲时，他们生活在安第斯山谷地带，即今天的哥伦比亚城市波哥大（Bogotá）和通哈（Tunja）周围区域。人口超过 50 万，组成由世袭的统治者统治的若干个国家，西班牙人的到来切断了其发展。到 18 世纪时他们的语言已不再被使用，最终奇布查人被其他民族同化吸收。——译者注

② Bochica 是奇布查文化中的道德、法律、农业与工艺之神。根据传说，波齐卡是奇布查文明的奠基人，给人们带来了道德和法律，并教给他们农业及其他手工业的技艺。——译者注

把大都市的语言、知识、品位、道德等等强加于人，即是把殖民地的民众变成欧洲人的复制品。

下面我们来讨论第三个方面，以消除差异作为控制的手段。通过上述两个方面的内容我们已经能够确定同质化的两种不同形式。首先，我们提到的是刻板印象的做法，或者说以过分简化的同质化集合形象出现的对殖民对象的表达：黑皮肤的、孱弱的、性别化的、未受过教育的、无诚意的（这里只提几个通用的词）。这种文化表达无视被表达对象的历史，因此也抹除了存在于社会文化组织内的所有差异。其次，我们来审视同质化的另一种形式，主要是通过教育来实现。把大都市的语言、知识、品位、道德等等强加于人，即是把殖民地的民众变成欧洲人的复制品（或者试图这么做）。殖民地民众同质化的做法一是有助于他们被欧洲听众理解，二是实现了加强治理、提高生产率和刺激贸易等多种目的。所以我们能够确定，殖民翻译的实践既是一种控制文化交流的手段，也是一种抑制策略。换言之在殖民语境中，翻译既是构建权威的方式也是权威得以施行的方式。这样来说，殖民翻译与本雅明解构主义的理解有所不同。在本雅明看来，它不是服务于权威构建及施行的手段，而是一种打破原作在翻译中的主导地位的实践，
35 或者说是打破欧洲文化对殖民对象文化支配的实践。所以，这一讨论也有助于理解为何巴巴转向本雅明并开展对殖民翻译的批判。

巴巴并没有对翻译进行全面的研究，也没有形成翻译的后殖民理论，关于翻译的后殖民理论可以参考特贾斯维

莉·尼南贾纳[①]引人瞩目的著作《定位翻译：历史，后结构主义与殖民语境》(*Siting Translation*: *History*, *Post-structuralism and the Colonial Context* 1992)。但是，巴巴借助本雅明的翻译理论来揭示这些存在于上述殖民翻译实践中的固有矛盾(或者说矛盾状态，下一章将予以解释)。巴巴对补充性(supplement ary)的概念特别感兴趣，即不同语言通过其差异而非相似之处彼此互补。正因为如此，"意指方式"与一整套历史和文化语境相关，而不仅仅是作为一个词语出现。同时，这还揭示了语言中不能被翻译的要素，正是由于这些不可翻译的要素的存在，不同语言才能保存彼此的异质性(如"brot"和"pain")。巴巴利用这些语言中的矛盾特征以证明本雅明的理论能够用于推进文化差异理论的发展(详见第6章)。不像上文解释的那样努力地消除差异，巴巴认为在翻译的过程中，内容(无论被翻译的是什么，一种语言，一段历史，一种文化)会变得不同和疏远。比如我们所提到的关于波齐卡神的故事，天主教传教士将故事翻译成西班牙语后再把故事复述给穆伊斯卡人。而此时与原意相比，内容已经变得不同和疏远，但并不是说故事本身有变化，而是它的意义和在穆伊斯卡人信仰系统中的位置改变了，且疏远了。因而，巴巴说翻

① Tejaswini Niranjana(1958年—)，印度文化理论家、翻译家、作家，主要从事文化研究、性别研究、翻译研究和民族音乐，特别是各种形式的印度音乐的研究。20世纪90年代初以后结构主义翻译理论闻名于国际学术界。主要著作《定位翻译：历史，后结构主义与殖民语境》(*Siting Translation*: *History*, *Post-structuralism and the Colonial Context*, Berkeley, 1992年)、《变化的印度：女性、音乐与印度-特立尼达移民》(*Mobilizing India*: *Women*, *Music and Migration between India and Trinidad*, Durham, 2006年)、《孟买的音乐神经》(*Musicophilia in Mumbai*, 2019年)。倡导一个旨在促进对印度斯坦古典音乐(Hindustani classical music)——这个孟买城无形历史的一部分——理解的计划："Making Music Making Space"。——译者注

巴巴断言“翻译是文化交流的演现性本质”。

译的语言面临着不可译性，在这个实例中就是穆伊斯卡神话故事的意义——它无法翻译成西班牙语来表述，而且无法充分融合进殖民者的理性结构中。翻译总是不完整的，因此它不能消除差异反而会强化差异。由翻译衍生出第三
36 性或者混杂性，使得被翻译的故事既不是原本的穆伊斯卡神话也不是一部西方文学作品。事实上，不可译性揭示了两种文化之间存在着不可逾越的鸿沟。然而这文化之间的鸿沟并不是一片空白，而是一个文化意义能够不断协调和重构的空间。这也是为何巴巴断言“翻译是文化交流的演现性本质”（巴巴 1994：228）的原因。正因为如此，巴巴将文化意义的产生置于不可译的范围，介于不同语言和文化之间而非中心，或者在此情况下，在传教士的手中。

在巴巴的著作中翻译概念的政治维度非常明确地体现在他关于当今移居于西方的少数族移民的相关论述中。

在巴巴的著作中，翻译概念的政治维度非常明确地体现在他关于当今生活在西方的少数族移民的相关论述中。他把移民经历表述为存在于民族国家关系和大都会同化政策之间的纠结（caught），对这种情况无法做出确切的判断。实际上，移民们之所以无法做出判断是因为他们纠结于他/她的“过去”（原本的国籍和民族，语言、风俗等等）和他/她作为另一个具有不同文化和传统的国家居民的“现在”之间。即使移民获得目前所居国家的国籍，并成为合法的如英国人、加拿大人或者法国人，他或她在口音、种族、习惯、社会及家族关系方面仍与本国人保持着不同程度的分化。与其按照法律术

语说移民被同化或者入籍，不如说他们仍处于两种文化之间的某个位置。因此，移民作为文化差异的主体出现，翻译中的要素并没有完成自身的翻译而保持在居间状态。借用巴巴的原话：

> “居间状态”的移民文化生动地表达了文化的不可译 37
> 性，并因为如此它解除了文化挪用的问题，这超越了主张社会同化者的美梦或者说成为种族主义者的噩梦，也解除了主题的完整传递的问题，并向一个矛盾的分裂和混杂的过程接近，而这个过程标志着对文化差异的认同。
>
> （巴巴 1994：224）

显然，依照巴巴的观点，少数族移民没有按照人们所期望的语言翻译的方式进行自身文化翻译。相反，移民们停留在居间状态，如同“凝固的一整块”，无法与宗主国融合为一体，也无法像未殖民前那样被重组。因此，他们不属于某一个特定的文化系统，而是作为混合杂糅的文化要素参与到各个不同的文化系统中，这也是后文将述及的混杂状态。混杂状态既可以被视作文化翻译的结果，或是文化翻译不可能实现的证据。它突出了文化语言的异域性，同时体现了翻译——作为文化差异的表现——的动态特征。

混杂状态突出了文化语言的异域性，同时体现了翻译——作为文化差异的表现——的动态特征。

关于翻译的讨论，我想说明关键的两方面。一方面是文化翻译作为一种表达的模式，其目标是以欧洲人可理解的、又低于殖民者的方式来塑造殖民对象。以此来证明殖民主义和欧洲霸权的永存；另一方面就是后殖民翻译关于翻译概念

的理论是为了促进对殖民实践的批判。对此我只聚焦于本雅明的作品，因为他的观点频繁出现在巴巴的文章中。不过，
38 其他的评论家也对翻译的概念和本雅明的写作进行了广泛的研究。比如，雅克·德里达和保罗·德·曼[①]。可以肯定，雅克·德里达和保罗·德·曼同样对巴巴的翻译运用和后殖民批判产生过影响。尽管在翻译研究的语境背景中他们都非常重要，但是在此我没有回顾他们的工作，因为理论偏差过大，大多远离了后殖民理论。虽然将他们排除在外，但我觉得还是有必要指明他们所做的工作，特贾斯维莉·尼南贾纳对本雅明、德里达和德·曼做了详尽的研究，并指出了是这三位人物促成了当代关于文化翻译与文学翻译的探讨。事实上，尼南贾纳认为：

> （从后殖民主义的视角）对翻译进行反思已成为一项重要的任务，因为自欧洲启蒙运动以来翻译就被用于支持主体化的实践，尤其是针对被殖民者。这样的反思——一项极为紧迫的任务就是去试图理解已然存在于“翻译

---

① Paul de Man（1919—1983 年），文学批评家、理论家，解构主义的首倡者之一（另一位是雅克·德里达）。出生于比利时，在美国哈佛大学获博士学位，曾任教于美国康奈尔大学、约翰霍普金斯大学、瑞士苏黎世大学，教授比较文学，20 世纪 70 年代任耶鲁大学人文学终身教授。重要著作有，《盲目与洞察：当代批判修辞论文集》（*Blindness and Insight: Essays in the Rhetoric of Contemporary Criticism*，1974 年，此论文集出版后耶鲁大学成为美国解构主义文学的批评的中心）与《阅读的寓言：卢梭、尼采、里尔克与普鲁斯特的比喻语言》（*Allegories of Reading: Figural Language in Rousseau, Nietzsche, Rilke, and Proust*，1979 年，学术论文集）、《浪漫主义的修辞》（*The Rhetoric of Romanticism*，1984 年）、《对理论的抗拒》（*The Resistance to Theory*，1986 年）、《审美的意识形态》（*Aesthetic Ideology*，1988 年）、《隐喻的认识论》（*The Epistemology of Metaphor*，1978）等。德里达就他与德·曼的关系问题于 1988 年发表长文，题为“就像贝壳中的深海之声：保罗·德·曼”（*Like the Sound of the Sea Deep Within a Shell: Paul de Man*，《阅读的寓言》天津人民出版社出版有中文本，2008 年）——译者注

中”的“主体”，这些“主体”的形象通过殖民主义方式一而再、再而三地被呈现出来——并试图通过解构再造翻译的概念，将其作为一种抵抗策略重新刻写进翻译的潜在可能性中。

（特贾斯维莉·尼南贾纳 1992：6）

对尼南贾纳而言，抵抗是翻译历史中的一种审慎的干预行为——解构主义的——不再关心西方文化政策的普世化与同质化，而是关注于承认差异和文化的异质性。尼南贾纳认为，“翻译历史”意味着从前殖民地民众的角度对历史的彻底改写。事实上，尼南贾纳所说的有待完成的任务与建筑学密切相关，建筑领域的相关历史几乎完全出自欧洲和美洲学术界，下章将对其进行详述。

第 3 章

39 矛盾状态

前一章中我们探究了语言和文化翻译在殖民“实践”中的内在含义，并强调了从后殖民观点的角度对翻译这一“概念”进行理论重构的必要，这是为了颠覆对殖民概念的使用的贬义效果。此外，前一章对殖民话语的基本原则也进行了综述。通过殖民话语的概念我谈及了知识和技术的主体，也包括用于构建和控制殖民主题的文化表述方式。通常，前述的讨论可以看作是将巴巴作品带入更多具体领域的入门引言的扩展。本章将解读支撑着巴巴的殖民话语批判的另一概念——矛盾状态（ambivalence）。尽管他更乐于使用类似混杂性、模仿和演现性等术语，但其实他赋予这些术语的含义很大程度上来源于矛盾状态这一精神分析概念。通过解释矛盾状态这一概念，在分析前述的混杂性、第三空间和演现性这三个概念之前，本章将继续构建基础性的理论语境。

精神分析，作为一种研究和理解思维的方式，在精神病学之外的其他领域也产生了极大的影响。无数的 20 世纪思想家，尤其是那些被称作“后结构主义者”的思想家都受到了很大影响。根据精神分析理论，在人成长的线性过程中，思维并不是一个完整且连贯的集合。

进而，精神分析通过对临床病例的研究提出并证实了人
40 类思维在其形成的各个阶段中（从出生到成年）都是片断的，其发展也是非线性的——思维包含着过去的经验，并且会有意识或无意识地回复到过去的经历中。相应地，这些无序的（非线性的）经历决定着我们的行为。因此，精神分析认为，我

们的身份认同不是独立的，也不是静态的。相反，身份认同多元且持续变化，即使是我们自己的身份认同也表现为多重方面。正因为如此，精神分析为质疑身份认同的概念提供了一个合适的理论背景，此概念的许多假设，不论是关于个体的或是群体的，身份认同都被认为是匀质的并按照经典西方史实模式线性发展；这两点正是被后殖民批评尖锐质疑的。

这显现出被殖民者处于这样一种居间状态——被宗主体系纳入的同时又被排斥……

精神分析理论的应用并不只限于巴巴的作品中。比如弗朗茨·法农、斯图亚特·霍尔[①]（Stuart Hall）、爱德华·萨义德和加亚特里·斯皮瓦克，他们也求助于精神分析来发展殖民主义批评，同时也用于对宗主统治的其他形式，如新殖民主义、帝国主义的批评。在这些批评中，法农的作品尤为引人关注，因为他曾是执业的精神分析学家。考虑到本章的主题是矛盾状态这一概念，那就有必要提及法农诸多作品中的一部——《黑皮肤、白面具》，书名即浓缩了像巴巴这样的后殖民理论家对殖民矛盾状态的那种感觉，而在他们的写作中也有提及。法农的书名呈现了黑人与白人相处的这种矛盾的境况。简单来说，它揭示了殖民对象的内在矛盾，他们的语言、举止、装束和白人“主人”一致（这

① Stuart McPhail Hall（1932—2014 年），牙买加裔英国社会学家、文化理论家和政治活动家，毕业于英国牛津大学。霍尔是文化研究领域的先驱之一，用跨学科的方法研究社会制度在文化形成中的作用。主要著作，《危机治安，国家、法律与秩序》（*Policing the Crisis Mugging*，*the State and Law and Order*，1978 年）、《流行艺术》（*The popular arts*，1964 年）、《文化研究：1983 年——理论的历史》（*Cultural Studies 1983*：*a Theoretical History*，1988 年）等。——译者注

就是面具），但是（通过）他或她的深色皮肤保持着差别。因此，黑色就是差别的符号和劣等的提示。在那种意义上来说，法农这本书的标题证明了被殖民者作为创造主体是不可能的，因为即使他们的教育、习惯和品位都是欧洲式
41 的，但他们的肤色却永远都是不同的。这显现出被殖民者处于这样一种居间状态——被宗主体系纳入的同时又被排斥，而且无法回到被殖民之前的状态，因为该状态已经被永久地移除了。正是殖民主义话语的这种矛盾构建了巴巴的矛盾状态理论。

正是殖民主义话语的这种矛盾构建了巴巴的矛盾状态理论。

法农注意到了被殖民者所体验的内在矛盾，这一点很重要。因为在他们想成为白人的同时，也承认了阻止这一愿望实现的差别。从另一方面来说，巴巴定位于殖民话语中的矛盾状态也如出一辙——殖民者想看到自己被殖民者所复制，但同时为了维护自身的权威性又拒绝被复述或转译。按照巴巴的观点，这种矛盾状态表明殖民者内在的矛盾，既希望在殖民过程中自己被复述（巴巴称之为“自恋式的需求”），同时又担心由于被复述而导致自身的消失。因为，一旦他者转化为相同，差别被消除，基于差别的优越性也就不复存在了。

如上所述，精神分析认为身份认同不是单一而完整的，相反都被自身撕裂，充满内在的矛盾和冲突：也就是处于矛盾状态的。这也是巴巴对后殖民话语最重要的贡献之一：介于自我和他者之间的基本二分法的消解，表达被殖民者和殖民者的身份认同。正因如此，矛盾状态这一概念支撑起了巴巴混杂性、模仿和第三空间理论（详见第 4 章和第

5 章)，以及关于民族分裂暂时性（split temporality）的观点，他称之为教导性和演现性（详见第 6 章)。以独裁主义话语——为实现独裁只需要单一的、毫不含糊的声音为 42
前提，通过揭示殖民主义的话语和实践之间内在的矛盾状态，巴巴对殖民者所要求的无争议的权威的有效性进行了理论上的瓦解。

后殖民主义的矛盾状态

在继续讨论巴巴如何在写作中使用精神分析的方法之前，让我们来探索一下精神分析中矛盾状态的概念。在精神分析中，矛盾状态通常是指共存的矛盾双方的本能或欲望，特别是爱和恨。矛盾状态与想要这个，同时又想要那个的犹豫不决不同（比如，难以决定想要咖啡还是茶，想要牛仔裤还是斜纹布裤，想要直墙面还是曲墙面)，它更类似于“矛盾的摆动”（ambivalence oscillation）而不是简单的矛盾状态。矛盾状态的早期现象出现在俄狄浦斯阶段（Oedipus phase）——小孩子喜爱父母中的一方，而不喜欢另一方。男孩通常爱慕他们的母亲而将父亲视为同性竞争者，而女孩则喜欢父亲并把母亲视作争夺宠爱的对手。当然，儿童不仅厌恶他或她的同性竞争者，相反他们同时也爱他们。因为孩子们会意识到，他们不仅是同性竞争者，同时也是他们的父母。这就是为什么弗洛伊德将恋母情结作为矛盾状态的典型实例来讨论的原因，因为它充分体现了爱与恨无法分离的共存性。

弗洛伊德在他的著作《文明及其不满》(*Civilisation and its discontnets*，2002 年）中也使用了矛盾状态这一概念来讨论人们在某种相毗邻的状态下是如何使满足感让位于攻击性以获得一定程度的安全感的。比如西班牙和葡萄牙，还有英格兰和苏格兰，就是爱恨交织、矛盾状态的代表。弗洛伊德说，“如果有人成为攻击对象而被遗弃，那么爱就总是能够把更多的人联结在一起”（弗洛伊德 2002：50）。在本书的后续内容中，弗洛伊德还用实例来证明了文明是建立
43 在压制基础之上的。文明约束人的欲望并限制其攻击性、性满足以及其他形式的满足。换句话说，为实现文明的共存，压制人类的某些本性、欲求和渴望是必须的。所以，文明的原则继承了一种内在矛盾，因为要达成集体的安全（福祉）需压制个体，而这往往会在个体中引发不满。对此，弗洛伊德指出了这一点的复杂性：被压制的欲求不会简单地消失，它们会往其他方向转移、传输，由此得以释放出来。既而此，弗洛伊德认为相邻的两个群体会通过他们之外的其他社会群体释放其攻击性，也就是说外部的第三方会成为攻击的目标。

现在可以更清楚地看出巴巴为何把弗洛伊德的这段文字用在他关于殖民主义矛盾状态的写作中。这个论点可以继续发展——为了保证欧洲群体某种程度上的文明与和平共处，非欧洲的人们便成为被攻击的目标，并且实际上延续至今日。然而，历史显示不仅欧洲国家之间存在着明显的竞争（现在依然如此），而且这些国家自身也不是均质和稳定的社会 - 政治组织。因此，所出现的对文化权力的诉求从来都不是“单一含义的”（单声道的、不模糊的），而是矛盾的，即多义的，内部破碎的并处于冲突中的。

矛盾状态的这种形式处在巴巴的混杂性和模仿性理论的中心，在像建筑这样的权力主义话语的构建中也能看到……

现在让我们来仔细看看在巴巴关于殖民主义话语的批判

中矛盾状态这一精神分析术语所起的作用。对巴巴而言，殖民话语的特征是由其内在矛盾表现出来的，通过殖民主体的表述，这种矛盾状态在构建权力过程中产生。上文已经解释过，殖民的权力最初以两种方式建立起来。首先，它是先天存在的，无需证明或者说其证据源于自身（比如说，欧洲的建筑优于阿兹台克人的建筑，因为对阿兹台克建筑的分析用的是欧洲的分析方式）；其次，权力借由歧视政策建立起来，即在两者之间确立区别，使其中一方显现出明显的 44
优势（例如欧洲人更优越，因为他们文明、肤色白、有气概、穿着得体；而被殖民者则是劣等的，因为他们不文明、肤色不白、不强壮、不穿衣服）。很明显，这两种构建权力的方式密不可分并且内在关联。既然权力是先天存在的，那么殖民者便将使他们的殖民对象“文明化”作为自己的责任，尝试使他们成为自己的双重形象。然而，当殖民对象达到了一定程度的相似——他们讲欧洲的语言，穿上衣服并按照“文明的”方式生活——他们就需要被区别对待以确保殖民者的权威性。为此，殖民者就会特别强调被殖民者的种族、口音或衣着规范以及他们建筑形式的不同。继而，那些被期望变为“类似”欧洲人的被殖民者就会受到欧洲人的排斥、区别对待和否认。这种既认同又拒绝的做法即是巴巴所述矛盾状态的基本形式。在他看来，这种矛盾瓦解了殖民话语的权威性，因为它证明对权威性的诉求是模棱两可的，显示了矛盾状态和矛盾欲望的共存（期望在殖民地看到自身的副本同时又要否认这一形象）。这种形式是处在巴巴的混杂性和模仿性理论中心的矛盾状态，在像建筑这样的权力主义话语的构建中也能看到，本章将在最后部分对此做重点讨论。

至此，我们仅仅讨论了矛盾状态的基本形式，就是两

45 个对立的本能或欲望的简单直截的共存，如前所述就像在俄狄浦斯阶段一样。但巴巴也指出了另一种形式的矛盾状态，即文明的原则以及其引发的“被文明化的”个体的不满之间的冲突。与弗洛伊德不同，巴巴不是对文明的概念，而是对被视为现代文明最重要成就之一的国家形象（the figure of the nation）更感兴趣。巴巴因此质疑“人是否是国家话语中要重点表达的，该表达是否是介于教育学和行为表述的话语之间的矛盾运动？”（巴巴 1994：149）。带着这个问题巴巴指出，国家作为文明的实例，是一种将人们指代为一个同质体、一个无差别的整体的教育学的建构。正因为如此，巴巴将国家视作一种消除文化差异的机构，其目的在于维持社会秩序、经济繁荣以及便于管理。作为合理性的建构，国家忽视了人们的复杂现实，他们复杂费解的历史和社会 - 政治表达的多元模式。巴巴认为在国家建立的过程中全体国民（不只是殖民对象）被从他们多重的文化身份（种族、性别和阶级）中移出并重新置入均质的国家社群之中。继而，人被表述成为均质的社会群体和全球范围内多元文化现代国家所期望的形象。巴巴认为，矛盾状态的这一形式质疑了国家话语的叙述（将国家视作均质的、稳定的、至高无上的）。因而巴巴指出，国家的建立是无法实现的，因为它总是处于建立的过程中（参见第 6 章）。

另一位影响了巴巴对精神分析法的运用的人是雅克·拉康。事实上，一些评论家认为巴巴运用拉康的精神分析法比使用弗洛伊德的更广泛。考虑到 20 世纪 70 年代以来拉康在文学领域研究，以及文化理论方面的巨大影响，此种观点很可能是正确的。本章不对拉康进行详述，因为第 5 章将会有更详细的阐释。但对拉康的理论为何影响了文学评论还需做一扼要的概述，以助于理解巴巴作品的其他方面。让我们先来关注一下语言吧。在拉康关于身份认同形成的理论中，语言占有特殊重要的地位。与弗洛伊德身份认同理论高度依赖生物学上的差异（比如男性和女性的身份认同取决于阴茎的有无来判断）不同，拉康认为，语言也是身份认同的一个重要的决定因素，因为语言先于自我；语言系统在一个人出生之前就已存在。因此，语言有助于身份认同的形成，我们会通过人们借由语言指代我们的方式来学习谁，或什么。举例来说，像“他”或“她”这类指明性别的代词的使用在我们的身份认同的形成中扮演了重要的角色。我们通过语言学习我们是男人或是女人，因而性别差异对我们来说同生物特征一样都是外在的。拉康的理论比代词的使用可要复杂得多，尽管这是对拉康理论的简化，但我仍然希望这有助于说明拉康对语言极为重视这一事实（赋予了语言足够的重要性）。进入到文学领域，拉康的理论则使文学评论的焦点的变换成为可能。不再去试图认定或解释书中人物与作者的潜意识，而是去关注文本自身以及文本与读者之间的关系。如导言中所说，这形成了解构主义的基础，也是对传统的二元层级结构的颠覆，在此传统结构中作者（还有书中人物）的地位高于读者，读者被要求去理解作者的意图，换句话说就是： 46

> 精神分析（文学）的评判对象已经不再是探究生殖器象征或去解释哈姆雷特被压抑的对母亲的性渴望所激起的为父报仇的决心，而是通过语言在文本中表达其自身的方式去分析潜意识的欲望。
>
> （霍默 2005：2）

这也是巴巴在很大程度上所做的各种殖民文本的分析：

他揭示了表现在文本语言中的潜意识的欲望、精神创伤和矛盾心理的复杂表现。然而巴巴关注的不只是文学（虚构的）文本，而是文学表达的所有形式。他用文学分析的方法分析传记、历史和法律文书以及其他体裁的文本，以揭
47 示殖民权力在构建和实践中的意图与含义。也正因为如此，巴巴对欧洲文本的解读经常被认为是“解构主义阅读”：因为它动摇了作者被赋予的优势，并将此优势重新分配给了后殖民主义的读者或评论家（前文述及的翻译概念和译者的任务有助于理解此观点）。同时，通过使用如矛盾状态［和分裂、双重（doubling）和偏好（partiality）等拉康在精神分析中提出的］术语，巴巴消除了文学和文化分析的两极性（如导言所述）。

也正因为如此，巴巴对欧洲文本的解读经常被认为是“解构主义阅读”：因为它动摇了作者被赋予的优势，并将此优势重新分配给了后殖民主义的读者或评论家。

巴巴对精神分析中矛盾状态的使用涉及三个方面：首先，其揭示了殖民权力在构建和实践中的内在矛盾；其次，有助于挑战其他的权力叙述，诸如民族主义；第三，还有助于实现对欧洲式叙事与文本（即历史文本）的解构主义解读。虽然这三个方面打破了权力的构建和实践，但是它们助力实现的这种理论上的颠覆与批判的实际关注点——人（殖民对象、少数人群等）显然是有距离的。这种颠覆会发生在政治上吗？殖民对象会被重新置于权力的位置上吗？据巴巴的理论，这是有可能的。他认为“关于权力的、传统话语源头处的矛盾状态，使某种基于不可判定性的颠覆（subversion）形式变为可能，而

这种不可判定性会将支配条件转变为切实的干预”(巴巴 1994: 112)。也就是说，矛盾状态不仅打破了殖民话语的权力，还开启了一个可以与权力话语辩论和抗争的空 48
间，这个空间使权力的话语变得脆弱。这一点至关重要，因为它给予了人们可以去抵抗和反对不公权力的手段。但是巴巴也曾受到批评，因为他没有详细说明殖民对象究竟怎样找到他所指的矛盾状态并将其转化为自己的优势。比如罗伯特·扬(Robert Young)就曾问及巴巴精神分析批判的成果是否是一种只能在当代学术语境下发生的理论建构。他说：

> 虽然一方面巴巴指出了殖民话语的矛盾状态使得剥削成为可能，使得它的权威进一步被瓦解，另一方面，他在这里似乎还暗示了这种下滑在殖民主义的历史条件下不会频繁发生，相反更多是评论家造成的。
>
> (扬 1999: 155)

尽管扬承认“精神分析的解读使任何(文化的)欧洲化要求的主张成为可能”(扬 1990: 155)，但他锋利的批评却是合理的，尤其是对巴巴的论述确实欠缺历史分析的这一点上(这也受到其他人的批评，下一章将详细论述)。扬认为，巴巴高度概括的理论分析远离了特定文化团体的现实，以至于很难想象这种分析在实践中如何实现，且不只是理论上的。如巴巴所言，要有效地将优势条件转化为实在的干预，在历史上和地理上聚焦特定地区非常有必要。对此我要用 18 世纪新格兰纳达传教士这个公认的失败案例来说明，这是西班牙人命名的南美洲北部的殖民地。兰斯·格拉恩(Lance Grahn)在他的文章《瓜希罗[①]文化和圣芳济福音：传教士在里奥阿查（Riohacha Frontier）边境的失败》（1995）中，利用大量的历史证据论证了瓜希罗印第安人对传教士极不信任，因为“基督教的残忍行径对其博爱教义的鲜明讽刺”（格拉恩 1995：132）。据当时的西班牙传教士的报告，土著首领将此矛盾作为拒绝欧洲传教士的教化和政府的强制管理的理由。原住民也质疑欧洲人教他们从事农业和牲畜贸易，却又不允许他们和殖民者一样去从中获得经济利益的事实。于是，
49 瓜希罗印第安人将零散的优势条件转化为干预的理由。正如格拉恩所指出的：

> 印第安人对欧洲入侵的反应也说明了美洲印第安人利用他们可以适应的某些帝国主义要素来对抗那些更具破坏性的要素的能力。瓜希罗首领很快学会了欧洲贸易的技巧并意识到了它能带来的收益。他们不仅将欧洲人引入的家畜奉若神明，还借此与英国、荷兰商人开展了利润丰厚的商业往来，包括在该地区利用西班牙的影响力引进更先进的武器，以此建立了有效且有力的平衡。频繁的贸易往来也滋生了地区走私交易，西班牙殖民者和管理者均由此获利。瓜希罗人参与到加勒比海的贸易网络中，还以此使部落能够抵抗西班牙人的征服。
>
> （格拉恩 1995：130-1）

格拉恩关于瓜希罗人抵抗的论述可以被视作巴巴所说的文化混杂的案例（详见第 4 章），这个过程动摇了统治权威的

① Guajiro 人，生活在哥伦比亚东北部和委内瑞拉西北部、瓜希拉半岛的大陆及沿海地区（东、北方向是加勒比海）的半游牧民族。有自己的语言，而且在西班牙人入侵后仍保持着。瓜希罗人通常有三个名字，一个瓜希罗名字、一个出生时起的教名和一个西班牙名字。——译者注

话语和实践，是一种强有力的文化生产场所的代表。格拉恩证明，瓜希罗印第安人察觉到了殖民话语中存在的矛盾状态，并此加以抗拒，并合理利用了殖民者的某些特点来为自己谋得利益。这个案例同样回应了扬提出的、在殖民化过程中殖民对象是否察觉到这一矛盾状态的疑问，或者这种影响是否只是现今的评论者制造出来的。在这个意义上，扬的批评是正确的，理论批评的某些形式的有效性需要有历史的语境，而这在巴巴的作品中是缺失的。

事实上，巴巴在后殖民主义理论中使用的精神分析的矛盾状态在建筑评论的生产中显得十分有用。 50

然而，巴巴对精神分析的使用引起评论者关注的不止这一个方面。在阅读关于巴巴作品的评论时经常会遇到的一个观点是他对精神分析理论的挪用是非正统的。精神分析学者指责巴巴具有极端的目的性或者说目的导向，他将同一个精神空间中与相互对立的本能的共存相比更为广泛且复杂的问题简化，以适应于他的后殖民理论。同样引起关注的还有巴巴无差异地游移于弗洛伊德和拉康之间的做法。事实上，执业的精神分析家认为巴巴使用精神分析时缺乏严格的科学方法。提及这些批判意见并不是为了批判巴巴的成果，而是为了使读者更多地了解有争议的内容并鼓励他们通过研究其他资料更深入地认识和理解巴巴。虽然巴巴对精神分析的使用受到了批评，但是他应用矛盾状态这一概念的方法为发展一种关于权威话语的批判性评估提供了机会，不仅是关于殖民权威的话语，还包括对其他权威话语的叙述，如民族主义话语。事实上，巴巴在后殖民主义理论中使用的精神分析的矛盾状态在建筑评论的生产中显得十分有用。

建筑历史的矛盾状态

现在我想来谈谈建筑，因为它也属于巴巴所说的“权威话语”(discourses on authority)。就其本身而言，建筑话语也呈现为一种矛盾状态，这在历史的书写中相当强烈地表现出来。这就是为什么我要去检视非西方的建筑在明显不同的“建筑历史”中被书写的方式。下述的讨论可以被看作是
51 历史的“后殖民主义式阅读”，迄今为止遵循着被解释的程序。其目的在于揭示历史文本的意图、含义及矛盾，而这些文本也有助于授予西方的建筑话语和建筑生产以权威性。简单来说，建筑历史的后殖民阅读将建筑历史的权威视为另一种欧洲化的论述来审视，这种论述类似殖民论述，既包涵又排斥是其特征。在对巴巴作品进行扼要阐明的限制之下或许不可能完成如此庞大的任务，但是可以明确为何此任务不仅是必需的而且是紧迫的。

呈现在建筑历史著作中的历史写作，成为创作和维持世界范围内评判建筑产品的参考体系的手段，而它也连接着欧洲的过去。书中只记录了那些满足该体系参数标准的研究个案，当然，那些不符合标准的建筑物则都被排除在外。因此，能够出现在历史著作中的非西方建筑通常都是接近欧洲或北美的标准的，对此我们不必感到惊讶。这不仅是建立血统和世系关系的方法，也是给予欧洲建筑(不论古典的或现代的)权威性的策略。总之，按照欧洲建筑的标准，非西方建筑只有达到很高的改良进化程度时才能得到历史学家的肯定。对历史学家来说重要的并不是建筑物的内在品质或是对特定区域的特殊使用者的回应，重要的是符合霸权主义的建筑叙述——或者说，正是历史著作构建了霸

权的建筑叙述。由此可知，全世界的建筑历史著作告诉我们的远远不只是简单的事实本身。

总之，按照欧洲建筑的标准，非西方建筑只有达到很高的改良进化程度时才能得到历史学家的肯定。 52

由于揭示了建筑历史是经由消弭差异的系统化过程构成的，在霸权建筑叙述的结构中，书成了连累历史学家的证据。书揭示了建筑的历史是经由消除差异的系统性过程建构的，此过程使单一的建筑具有代表性，成为主流。作为教导性的结构和主流叙述，建筑历史仅仅关心建筑师和历史学家的规律性的论题而不是普通大众的利益（本书将会反复讨论此问题）。结果就是建筑史中记载的非西方的建筑实践总是作为欧洲或北美建筑先例的追随者，以低端的面目出现。然而，更具戏剧性的是这些被排除在历史书之外的建筑实践的命运，这种排除等同于学术研究的不存在。

这些与非西方建筑相关的歧视性修辞和选择性用词说明了历史学家所处的位置，还有相较于非西方的建筑指定给欧洲和北美建筑的位置。玛丽·路易斯·普拉特①在她的《帝国之眼：旅游写作与跨文化》一书中提供了一种对亚历山大·洪

① Mary Louise Pratt（1948 年—），美国纽约大学西班牙、葡萄牙语言与文学教授，主要研究领域为拉丁美洲文学、文学比较、性别研究、殖民主义研究和文化研究。最著名的作品即为《帝国之眼：旅游写作与跨文化》（*Imperial Eyes: Travel Writing and Transculturation*，1992 年），此外代表作还有《给文学学子的语言学》（*Linguistics for Students of Literature*，1980 年）、《走向文学话语的言语行为理论》（*Towarda Speech Act Theory of Literary Discourse*，1977 年）等。——译者注

堡①在穿越美洲的旅行中所做的建筑记录的有趣解读。普拉特展示了在西方古典标准的参照下，中美洲的本土建筑如何成了不完美的，同时在审美上也是不合格的：

> 对于美洲建筑，我们不必经常重复，无论是建筑作品的重要性还是建筑形式的优雅精致都不会引发惊讶。（洪堡）写道，但是美洲建筑是非常有趣的，因为它们是原始文明的历史和新大陆群山中的这些居民的清晰写照。然而在希腊，宗教成为美术的首要支撑；在阿兹台克人那里，对死亡的原始崇拜催生了纪念物，其唯一目的就是制造恐惧和不安。
>
> （普拉特 1992：134）

普拉特的主要观点是“欧洲的想象力通过将当代的非欧洲人从他们殖民前的历史甚至被殖民的历史中分离出来而
53 产生了考古学科”（普拉特 1992：134）。在没有自身历史，通过殖民者的学术历史决定论方法只能获得历史性主体的建构历史的过程中就会发生这样的分离。换句话说，被殖民者为了能够在西方历史中获得自身的话语权而被迫与其自身的历史分离并参与到殖民者的线性历史当中。洪堡认识到原住民的历史存在着矛盾之处，本土建筑反映了原始文明的历史，然而这段历史随后因为不符合欧洲的古典标准或是其他洪堡不了解的原因被否定了。另一种形式的分离是对建筑差异既承认同时又否认。在笔记中洪堡确认，美洲本土建筑无论是在比例还是形象上，都不能与被视为优

① Alexander von Humboldt（1769—1859 年），德国博物学家、地理学家、自然学家、探险家。其研究工作为生物地理学、自然地理学奠定了基础，其著作对科学知识的普及有很大的贡献。如今的南美洲西海岸的洪堡洋流即是以他的名字命名的。——译者注

秀典范的希腊和罗马古典建筑相提并论。在洪堡这里，本土建筑得到了历史学家的承认，但是却随即就被认定为是低劣的。将殖民前的殖民地建筑物写入同质化的世界历史中同时又予以拒斥，这两种形式的分离的无逻辑揭示了殖民话语在建筑的历史决定论方面的矛盾状态。

……被殖民者为了能够在西方历史中获得自身的话语权而被迫与其自身的历史分离并参与到殖民者的线性历史当中。

洪堡这种对中、南美洲的殖民及殖民前建筑既承认又否定的做法，近来已被多次用于研究非西方国家的现代建筑。这一次，现代建筑的标准取代了古典建筑并成为新的参照。就其本身而言，现代建筑依赖的是建筑生产的线性关系，其根源可追溯至欧洲的工业化和那一代的建筑师群体：勒·柯布西耶、密斯·凡·德·罗、弗兰克·劳埃德·赖特，暂举这 54
几位。尽管洪堡对美洲本土建筑的贬损描写同我们相隔 100 年之久，但是当代建筑史学家们仍继续使用同样的修辞方式，以贬低所谓的发展中国家的建筑生产。

为进一步说明此观点，我将聚焦于威廉·J·R·柯蒂斯（William J. R. Curtis）的著作《20 世纪现代建筑》（*Modern Architecture since*，1900 年），该书按时间顺序回顾了现代建筑观念在欧洲的“演化”并查考了其走向世界其他地区的方式。由于这本书的线性历史结构，对非西方建筑一直没有做什么重要的论述，直至第 21 章柯蒂斯才简单谈及现代主义思潮在北非、中东、南非、巴西和墨西哥的传布情况（请注意，在此我要指出这是 2000 年再版时扩展的内容）。柯蒂斯仅在第 27 章中说明了非西方建筑的一些细节情况。在较早的版本中，这一章的标题是“关于地域特征的问题”，而在后来的版本中则被改为“吸收的过程：拉丁美洲、澳大利亚和日本”。虽然标题更改了，而且新标题有明显的地理焦点，但是该章的导言却没有任何改变。在第一段中柯蒂斯明确指出，建筑的现代运动是“西欧、美国和苏联部分地区的一些国家的知识产物”（柯蒂斯 2000：491）。去查找这种挑衅性言论的理论支持并无必要，然而在当代文化研究和后殖民理论的语境中来看，这种说法显然是有问题的。借用法律术语来说，作为原创作者，柯蒂斯在选择哪些国家作为仅有的现代建筑的拥有者时具有不容置疑的特权。

随后，柯蒂斯继续解释：“到 20 世纪 50 年代结束时，现代建筑的**演变、偏离和衰退**才在世界的其他地区找到了自己的路”（柯蒂斯 2000：491；我划的重点）。“在世界的其他地区找到了自己的路”的这种表达相当有趣。一方面，它暗示着某种困难，强调了现代建筑在世界其他地区发展时漫长而艰难的过程；另一方面，说明现代建筑的演变、偏离和
55 衰退之路是由各个国家自己走过来的。但是，柯蒂斯在整篇内容中都在极力强调这样一个事实，那就是发展中国家都是通过欧洲，尤其是勒·柯布西耶的作品而**接受**了现代建筑的。所以，对于柯蒂斯来说现代建筑传播的谱系是很清晰的，它植根于欧洲，通过欧洲和北美建筑师的特定作品得以发展，他们的作品正是评判非西方建筑的参考标准。因此，这个被筛选出的西方建筑师群体被作为传播的代理人，通过“找到自己的路”这一媒介将现代建筑推广到了发展中国家——借由功能主义和纯粹审美，这些建筑师代表着建筑的“文明使命”，承载着发展和进步。这并不是指由中心到边缘的艰难的地理上的旅程，“找到自己的路”的表述揭示的是一种焦虑，一种对于当现代建筑脱离西方建筑师的专一控制时的焦

虑——这也威胁到了柯蒂斯所选出的建筑师群体和那些拥有现代主义建筑的知识权力的国家的权威。换句话说，一旦非西方建筑挪用了西方建筑的术语、叙述和形式，柯蒂斯就感觉有必要赋之贬义的差别以使西方建筑可以维持其权威。

“找到自己的路”的表述揭示的是一种焦虑，一种对当现代建筑脱离西方建筑师的专一控制时的焦虑……

在该书的后半部分，第 31 章“发展中世界的现代性、传统和身份认同”中，柯蒂斯写道：

> 直到 20 世纪四五十年代，现代主义的形式才对“欠发达”国家产生了显著的影响，但这些作品同现代主义运动的名作相比总是**缺乏诗意和思想深度**。
>
> （柯蒂斯 2000：567；我的重点）

在此，柯蒂斯指责非西方的建筑师们缺乏敏感性，没有 56
能力去再创造或是超越某些欧洲和北美建筑或是欧洲和北美建筑师设计的建筑中所蕴含的诗意和思想。对柯蒂斯而言，他强调了建筑的“意义”是如何存在于建筑自身的——现代主义运动的名作正因为它们是现代的，所以往往是意义丰富和有诗意的。如上所述，优越性是先天的，这似乎不需要理由。随后，柯蒂斯对非西方的建筑师的能力提出质疑，根据他的判断，这些建筑师不具备设计出与欧洲同行的作品具有相同品质的作品的能力。当然，柯蒂斯在本书的结尾处收敛了自己不可一世的措辞，也承认了某些发展中国家，这里他特指的是墨西哥、日本、巴西、巴勒斯坦和南非的建筑师所进行的建筑探索，是“根据气候、文化、记忆和各自社会的愿望对现代主义的普遍特征进行的明智的调整”（柯蒂斯 2000：635）。尽管他试图调和自己在本书前半段提出的两极对立的观点，但是等级结构并未被瓦解。柯蒂斯在提及非西方建筑时的措辞总是在强调它们是从属的和次要的。令人惊讶的是，柯蒂斯的贬义修辞在建筑圈内，也就是说在执业建筑师、建筑学者及学生之间几乎没有引起任何争议。

在现代主义运动的历史中柯蒂斯关于非西方的建筑的描写阐明了建筑论题中一个非常重要的缺失。尽管受到后殖民理论影响的文学作品日渐增多，还有女权主义批判（无疑这是两个最重要的竞争团体），柯蒂斯所表达的现代主义建筑历史很大程度上被认为理应如此，很少受到质疑。巴巴曾提出，谁来质疑“在将批判性理论作为西方命名定义的时候，什么是至关重要的？”（巴巴 1994：31）我则想问：将现代建筑定义为西方时什么是至关重要的？根据巴巴的理论，答案是显而易见的：“体制权力的指定和意识形态的欧洲中心论”（巴巴 1994：31）。事实上，当柯蒂斯宣称现代主义建筑是西方的“知识产物”的时候，
57 他就指定了体制的权力并重申了建筑意识形态的欧洲中心论。然而巴巴进一步扩展了他对前引问题的答案：“这是理论知识的惯用策略，在那里，文化差异的裂隙已经打开，他者的中介或者隐喻必定包含在差异的影响中”（巴巴 1994：31）。

这就是为什么建筑历史在建筑领域彻底地、完整地复制了这种从未受到挑战的主从关系。

这段文字选自巴巴的著作《文化的定位》的开篇之

作——《献身理论》[①],清楚地表达了存在于建筑历史书写中的矛盾冲突。在此，巴巴认为“在冲击/反冲击的一系列启蒙运动的策略中，其他的（非西方）国家是被举例、被引证、被架构、被阐明和被包裹的”，并且由此“丢失了去表达意愿、去否定、去开创自己的历史诉求，以及在制度上建立自己的对抗话语的能力”（巴巴 1994：31）。因此，非西方的其他国家只有同欧洲标准相关联才能被理解，我们在这里关注的欧洲和北美的现代主义建筑也是同样。这就是为什么建筑历史也在建筑领域彻底地、完整地复制了这种从未受到挑战的主从关系。但是，本书所展示的巴巴提出的批评方法和其他的后殖民理论为实现建筑历史的交互式阅读提供了基础，可以此来对抗此前西方学术界描述与呈现非西方建筑的方式。

① 《文化的定位》一书收录了巴巴自 20 世纪 80 年代中期到 1993 年约十年间发表的重要论文，出版后即引起学术界的很大重视，被认为是后殖民文化批评理论进入成熟阶段的标志。该文集包括 10 章，第 1 章《献身理论》（*The Commitment to Theory*）；第 2 章《认同的疑问》（*Interrogation Identity*）；第 3 章《他者的问题》（*The Other Question*）；第 4 章《模仿与人：殖民话语的矛盾性》（*Of Mimicry and man*：*The ambivalence of colonial discourse*）；第 5 章《狡诈的礼仪》（*Sly Civility*）；第 6 章《视为奇迹的符号》（*Signs Taken for Wonders*）；第 7 章《阐明古风：文化的差异与殖民的胡言》（*Articulating the archaic*：*Cultural different and colonial nonsense*）；第 8 章《传播：时间、叙事和现代民族的边缘》（*DissemiNation*：*Time*，*Narrative and the Margins of the Modern Nation*）；第 9 章《后殖民与后现代：代理人》（*The Postcolonial and the Postmodern*：*The question of agency*）；第 10 章《只用面包：19 世纪中期的暴力符号》（*By bread alone*：*Signs of violence in the middle-nineteenth century*）；第 11 章《新事物如何进入世界：后现代的空间，后殖民的时间与文化翻译的进程》（*How Newness Enters the World*：*How Newness Enters the World*：*Postmodern Space*，*Postcolornial Times and The Trails of Cultural Translation*）。——译者注

58 第4章

混杂性

或许在后殖民理论中再没有哪个术语比混杂性更具力量和感染力了。混杂性在殖民主义和当代全球化的境况下作为一种研究不同群体之间社会文化相互作用的、特殊性的实用手段，其概念几乎在所有的学科领域都引起了理论家们的兴趣——包括人类学、文化研究、地理学、文学、社会学，当然也包括建筑学。后殖民理论中的混杂性并非简单地将两种或多种要素直接混合从而形成一种新要素，而是具有更复杂的内涵。它指的是出现在文化边缘与不同文化之间的文化生产的场所。同样，它也是一个空间，在此各文化要素不断地重新阐明和重新组合。混杂性也表达了对文化重新阐明的过程，在混杂交融的过程中文化要素自身，以及与其他要素的关系都在改变，它们持续地混合。因此，差异不会在融合中消失而是在混杂的过程中保存下来并愈发多元化。最终，文化混杂的概念形成了极大的理论影响：有助于消除文化分析的二元体系；动摇了文化是，或者曾经是纯粹和同质的这一概念；打乱了对权威的认可通过阐明文化差异无止境的扩散生长；还有助于开展与文化分类的霸权体系的标准完全不一致的文化实践。

或许在后殖民主义理论中再没有哪个术语比混杂性更具力量和感染力了。

但是，混杂性还有相反的含义。其中最显著的是混杂性会
59 被当作不纯粹的符号，因为混合的结果或者合成物不具有与“原

物”相同的地位。事实上，“混杂性”这一术语的使用是对文化“原创”和“纯粹”的确认，因为当某物被归类为混杂时就意味着它是某些非混杂物的结合结果。这样的对混杂性的理解可能源自生物学，即物种的杂交。拿骡子来说，它是公驴和母马的后代。骡子是证明混杂性如何终结混杂过程的一个恰当的例证（骡子几乎不能繁殖）。更重要的是，它确认了次等的观念，因为骡子和“纯粹”、“原种”的马不同。与骡子相比，马是优越的。当然，这种对混杂性的理解在殖民时代有着非常负面的影响，“混合种族”的人们受到严重的歧视并且常常被认为是危险的，因为他们既不是白人也不是黑人。

对巴巴而言，混杂性是文化生产力最有力的符号。

这些对混杂性的负面解释正是巴巴所要驳斥的。正如我们在本书中所见，巴巴尽力证明无论语言、文化还是身份认同均不是静态的也不是均质的。他利用翻译理论和精神分析法证明语言、文化和身份认同都具有片段性、异质性和矛盾性。正因为如此，巴巴认为语言和文化不能完全混合，至少不能以生物学的方式简单混合。不过他断言它们在不断地相互作用。实际上，文化的延续正是依靠彼此之间的相互作用。那么，文化的混杂代表的正是不同文化之间持续的、永无休止的相互作用的过程，由此文化得以继续存在。对巴巴而言，混杂是文化生产力最有力的符号。

为进一步说明巴巴作品中混杂性术语的重要性，下面简要回顾前面已经介绍过的内容：关于基督教和欧洲语言的教育。
随后，将会分析巴巴对混杂性的个人定义。需要特别关注的 60
是巴巴强调的混杂性概念扰乱文化权威所提出的主张的能力。考虑到混杂性概念所具有的理论上的重要性，我将在理论上检视巴巴最尖锐的评论者对他的作品所提出的批判。如前一章所述，巴巴所受的批判是一种手段，可以进一步发展其他思想家对巴巴作品的理论缺陷的认知。这不是要贬低巴巴，而是为了将讨论向前推进，为了进一步推进他的观念并易于向建筑转换。本章的最后部分我将举例说明混杂性概念应用于建筑研究的两种不同方式。这两项实例展示了巴巴的观点怎样能够在边缘及中心区域用来开展深入的、对当代和历史上的建筑的研究的。

巴巴的混杂性理论

巴巴在一篇名为《视为奇迹的符号：1817 年 5 月德里郊外树下，关于矛盾和权威的问题》(*Signs Taken for Wonders*：*Questions of Ambivalence and Authority under a Tree outside Delhi*，*May 1817*）的文章中列出了他关于混杂性的观点，此文于 1985 年在《批判的探询》(*Critical Enquiry*）中首次发表，随后作为一个章节被收入《文化的定位》。巴巴以其特有的智慧，将两个广义、抽象且看似对立的概念——对置于文章的标题中，还将此讨论相当精准地定位在德里郊外的一棵树下。在文章的开头，巴巴复述了一群印度流浪者发现“英文书”的故事。故事记叙了早期印度传教士和德里郊外居民之间关于将福音书译成印地语(Hindoo-stanee Tongue，欧洲人对印度使用最广泛的语言的称呼）的讨论。这些人认为自己虽然贫穷、低下但是却对“那本书”富有大爱。在理解这段文字时，这些农民社会下层的地位很重要，因为
61 福音书中宣扬的是人类的平等。因此，农民们尝试利用其中的内容来建立起一种对造成他们身份低下的种姓制度的漠视。福音书成为质疑婆罗门（印度教僧侣，某个阶级的学者和教

育者）专制权威的一种工具。通常，人们信奉福音书传达的讯息并将其视为上品。但同时，他们又拒绝相信那本书中传播的是吃肉的欧洲人的宗教。

……殖民主义需要被看作是多重主体的复杂交集和历史的暂时性……

巴巴对这段文字的阅读揭示了一个不稳定的时刻，那就是在文化和文学翻译的语境中“英文书”被赋予含义的时刻。这个例子还有助于理解在不可翻译的状态中含义的产生（详见第 2 章）。《圣经》的含义以及其中的社会文化意义并不存在于那本书中，而是随着历史的发展被作为书所代表的西方基督教传统的一部分被历史性地建构。因此，书转换成另一种语言的文学翻译不足于阐发其宗教含义和社会意义，因为只是语言被翻译。正因为如此，书也就成为一种我前面描述过的居间（in-between）状态的实例，因为其他语言的福音书已经不再是基督教和英语的象征。它由于位置的转换（不再是英语的，不再是欧洲的），进入了一个文化意义的新系统，并最终获得新的含义。英文书为农民提供了质疑自身传统、质疑权威规则的理由，同时，也消除了位于西方传统中的英文书被赋予的权威。通过这个著名的历史轶事，巴巴解释了为何殖民主义需要被看作是多重主体的复杂交集和历史的暂时性，不能被简单视为两个假定的均质结构——被殖民者和殖民者之间的直接关系。

随后，巴巴继续解释殖民权威的构建过程和所需的条 62
件。英文书的例子依旧适用，因为英文书——《圣经》同一般的文学作品一样，是用于传播关于欧洲的知识的主要工具，通过这种方式，野蛮人可以被启蒙，转变为欧洲人的副本或者复制品。这也是所谓的“文明化任务”的目的：将欧洲的知识传授给野蛮人，让他们变得更好，把他们引入这个理性的、进步的世界。托马斯·麦考利在他臭名昭著的《1835 年备忘录》中对这一愿望的表达无人能及，我从中摘引了一段：

> 我们不得不教育那些目前为止还没有得到母语教育的人们。我们必须教给他们一些外语。关于我们自己的语言几乎无需宣传，即使处在西方的各种语言中它也是卓越的。它丰富的想象力，不逊色于希腊遗留给我们的那些最高贵的作品；它拥有各种修辞的典范和历史的构成，仅仅用作叙述它都是难以超越的，而作为伦理和政治的表达工具从未有出其右者。更有对人类生活和人类天性的恰如其分的生动的描述，有关于形而上学、道德、政府、法学和贸易最为深刻的思考，还有关于保持健康、缓解痛苦或扩展智识实证科学的、完整而正确的知识。任何懂得这门语言的人其实都已经做好了去获得巨大知识财富的准备，而这是地球上最智慧的民族数千年来的创造和积淀。
>
> （麦考利 1835：349-50）

这段文字很清楚地表明了麦考利认为殖民对象只能通过英语学习这个唯一的途径来获得知识，而提供给印度人的这门能够获得文化和知识的欧洲语言可以追溯到希腊。准确地说麦考利认为印度人由于自身语言的固有缺陷而不能受到教育，就是说他们自身没有“知识财富”，这段文字在
63 为英国的殖民统治和教育辩护。如前两章所述，鉴于殖民对象的文化和文化产物被认为是次等（劣等）和倒退的（“落后”于西方的历史发展），那么优等的欧洲人就顺势肩负起了推进这些野蛮人的文明发展的责任。换句话说，麦考利

的备忘录道出了欧洲人的“负担”，即教化没有文化的人；将非西方人教育成欧洲人。基于启蒙运动的观点——改革与理性主义——歧视只不过是一种改善野蛮人的手段。再换句话说，启蒙运动的观点同时证明了殖民主义和对殖民主义的否认。同时，麦考利的备忘录还掩盖了被殖民者的文化所遭受到的破坏。他不仅隐瞒了征服和殖民造成的物质上的破坏，更重要的是掩盖了用一种文化强加于另一种文化之上所造成的破坏。

基于启蒙运动的观点——改革与理性主义——歧视只不过是一种改善野蛮人的手段。

考虑到这个任务的重要性，麦考利的备忘录时不时流露出某种无能为力感，那就是对所有殖民对象和殖民地进行欧洲文化的复制也许永远不可能实现。为便于讨论，我们假设这项庞大的任务实现了，被殖民者都借助语言、宗教和教育的手段转变为了欧洲人。就像前文已经解释过的，若真的如此，殖民者的文化霸权与统治的二元性需求将不复存在。因此，“启蒙”野蛮人的观念对殖民者来说就成了威胁：这代表一种可能性，即使很遥远，但殖民对象有可能获得与殖民者同等的文化地位，或者关于自由的教育会引导他们揭竿而起（事实上已经发生了）。为了缓解潜在的权威丧失所带来的焦虑，殖民者必须否认自身具有针对殖民对象的权威性。在这 64
个意义上，文明化任务的意图就分裂在自恋的渴望与实现的恐惧之间（见第 3 章）。

巴巴的论文《模仿与人》，也收录在《文化的定位》中。文中，巴巴讨论了在模仿概念下文明化任务的目的和过程。对巴巴而言，“殖民模仿是对被重塑的、可识别的他者的渴望，**作为有区别的个体，它们几乎相同，却不完全一样**”（巴巴 1994：86）。为了解释这个令人回味的说法，我们可以回到麦考利备忘录（引自第 2 章），他主张文明化任务的目的是形塑一个转译者阶层（interpreter），从血统和肤色来看是印度人，而从品位、道德与智力来看是英国人，这确实是一个“几乎相同却不完全一样”的阶层。

巴巴的这些名言也可以用来体现他的混杂性概念，在某种意义上它表达了文化的指向性——英语书或某个阶层的人们——他们在殖民表述的二元结构中的定位是不精确的，他们的不同阻碍了他们在任何优势文化（或重要的系统）中被准确识别或分类。正因为如此，巴巴进一步把模仿定义为“不适当的标志……一种与殖民权力主导的策略功能相关的差别或对抗，加强了监控并形成了对‘正常化’知识和训诫力量迫在眉睫的威胁”（巴巴 1994：86）。这透露出模仿作为殖民者在殖民地制造“双重”自身的策略，“几乎相同”的标签被看作是“不完全一样”，于是，也被看作“不适当的”。巴巴论据中的关键点是“差别”，或者更确切地说是用来区别“不适当”的手段，反对那些赋予殖民者的“适当”文化以权威的理性结构，即他们正常化的知识和训诫的权利。因此，这种不适当会转化为一种威胁。这种威胁来自启蒙运动的理性结构中对“不适当”进行定位或分类的不可能，来自难以理性地为殖民者拒绝承认制造一个自身复制品的阶层的行为辩护。

65 如果模仿的概念与复制的过程（文明化任务的目的）相关，混杂性就代表了这样一个不平衡且对立（矛盾）的文化生产的过程。

对巴巴的模仿概念的简短讨论是为了将混杂性的出现作

为殖民策略的模仿结果置于语境中。事实上，两篇文章（《模仿与人》和《视为奇迹的符号》）揭示了**翻译和矛盾状态**这两个概念都是在同样的方法论框架里建立起来的，且目的也相同：动摇殖民权威主张得以建立的理论基础。如果模仿的概念与复制的过程（文明化任务的目的）相关，混杂性就代表了这样一个不平衡且对立（矛盾）的文化生产的过程。用巴巴自己的话来说：

> 借由否定策略的制造，作为服从的条件，区别总是一个分离的过程：区别母文化和子文化，区别自身和复制物，被否定的轨迹没有被抑制而是以某种不同的形式——突变（mutation）或混杂加以重述。
>
> （巴巴 1994：111）

如果殖民模仿是希望得到“几乎相同却不完全一样”的个体，那么混杂性就是巴巴用来代表可区别的身份认同的术语，它是殖民计划矛盾性的表征。在文化符号的重复中可以看到矛盾状态，在发生的时候就已经不同，它们是“突变”而不是原物——这一差别是劣质的符号。换句话说，殖民计划的实践操作依靠的是差别的制造，或者是巴巴所说的“身份效应”（identity effects）（黑的，女人气的，不发达的），这使文化优势话语的建构和权力的行使成为可能。

讲清楚殖民混杂性出现的背景条件后，才便于检视巴巴 66
自己对这一术语的定义，从中我选择了他解释得最全面的两个术语。第一个就是混杂性，实例选自他的文章《视为奇迹的符号》。巴巴的定义是这样的：

> **混杂性**是殖民权力生产力的标志，其力量和稳定性

> 是流动变化的；它是通过否认（即产生差别认同，以确保权威的“纯粹”和原初的身份认同），对统治的策略逆转加以命名。**混杂性**是通过重复差别认同的影响，对殖民身份的假设进行的重新评估。同时也呈现了所有歧视和统治发生的场所必需的变形和置换。它虽然动摇了殖民权力的自恋式需求，但是也再次表明政策上的身份识别，这是一种将歧视的注视转向权力的注视的颠覆。
>
> （巴巴 1994：112）

很明显巴巴赋予混杂性这一术语非常重要的能力。要理解它的多重含义，很有必要拆解出嵌入在这段文字中的观点。首先，我们注意到混杂性术语的主要含义发生了由贬义到颠覆的变化。如上所述，在优等文化的叙述中殖民对象被设定为劣等的“混杂”，而英国人（欧洲人）的身份概念却被统一和均质化了。例如麦考利在其《1835 年备忘录》中假设**所有**使用英语的人都受过良好的教育，具备科学、文化和数学知识，他们都是可以称为“我们”的假定的共同体。但是按照巴巴的观点，混杂性不再是“不对等 / 适当”的标志，暗示着有优等的、原初的和纯粹的文化存在，而是应当作为削弱这种原初性和纯粹性的文化生产力的标志。换句话说，巴巴将混杂性作为推翻这一假设，即殖民者（“母文化”）是无差别的均质文化构成的理论工具。于是，巴巴以同样的方式指出英国（欧洲）文化的异质性，论述了被殖民者也并非均质文化的集合。借由异质性，巴巴得以开启了一个领域，在此，统治者的文本或者主张，
67 可以被不同的群体曲解、误读和滥用（如上文所述的《圣经》的例子）。也可以说，通过否定均质性，巴巴强调了文化差别的不可还原性。反过来说，无论在殖民地还是其他地方，

文化差别干扰了对统治的认可及权威的行使。正如巴巴指出的，“权威的存在是通过私人判断的不复存在并排除与权威相冲突的缘由而建立起来的”（巴巴 1994：112）。所以，一旦建立权威所需的均质条件被否定，权威的行使就会出问题。于是混杂性在巴巴手里获得了另一重维度：它不只是一个代表不适当 / 不对等的殖民对象的表达术语，同时也是一个极具影响力的概念，代表着“通过否认而获得统治的策略上的逆转”。

……混杂性不再是“不对等 / 适当”的标志，暗示着有优等的、原初的和纯粹的文化存在，而是应当作为削弱这种原初性和纯粹性的文化生产力的标志。

前文引出的另一问题是混杂性并不只是元素的直接结合（许多建筑师是这样进行混杂的），它是一个过程，是殖民权力的生产力以及呈现在那个过程中的冲突和张力。再回到关于德里外一群农民发现英语福音书的故事，当福音书被这些农民翻译的时候混杂性就已经显现出来，书也不再是英国国家权威的象征而是差别的标志。因此，混杂性**不仅仅**存在于《圣经》被译为其他的语言，由不同的抄写者人抄写，以不同的形式装订，**还**在于这一事实，即《圣经》成为文化边缘或意义体系 68
边缘的文化生产和文化论争的标志的这一事实。正因为如此，巴巴提出了一个看法，即混杂的对象回避了认识论方面的分类。或者说，混杂不是知识的一种特定形式，也不是两个（或更多）元素直接融合的产物或副产品。如巴巴所言，混杂“不是一个缓解文化间紧张关系的第三方术语，也不是辩证认知的两种情形中的第三方术语”（巴巴 1994：113-114）。相反，混杂既是造成文化间紧张关系的原因，也是其导致的结果。

……混杂不是知识的一种特定形式，也不是两个（或更多）元素直接融合的产物或副产品……

在定义的最后一句巴巴指出，混杂使歧视的目光转为权力的注视。他认为矛盾性在通过（殖民者）的重复来建构权威的这个策略中是内在固有的，其本身就是不同的、背道而驰的，就像它曾经的那样引起空间争论的出现。用巴巴自己的话说“关于权威的传统话语的源头是矛盾性，它使某种形式的颠覆成为可能，这种颠覆以不确定性为基础，能将统治的散漫无序状态转化为干预的理由”（巴巴 1994：112）。巴巴引用的福音书的再生意义以及第 2 章讨论的北美瓜希罗印第安人就是混杂的影响力的例证。瓜希罗人使用西班牙统治者的语言并被迫接受了西班牙人的贸易体系，但是他们能够利用那些特质服务于他们自己的经济利益并获得保障。瓜希罗人将被统治的状态扭转为他们从未被征服的情况（在政治上和军事上），他们也并未完全信仰基督教——当然他们也无法恢复到殖民前的状态，如此，他们的状态就是混杂的。然而，他们创造性的混杂却不是不对等 / 不适当的标志，而是一种抵抗策略，通过保持其自身文化认同的诸多方面而免于被西班牙文化所吸收（或消失在西班牙文化中）。

69 让我们用另一个混杂的实例来进一步阐明这个术语的含义。巴巴这一补充观点发表在 1993 年的《艺术论坛》杂志上，文章题为《居间的文化》（*Cultures in Between*）。下面的例子在引入其他有趣问题的同时，或许能有助于厘清前述定义中的要点：

在我的工作中，我发展了混杂性的概念来描述在政治对立和不平等的情况下文化权威的建构。混杂性的策略揭示出文化符号的“威权的”，还有权力主义的印记的疏离变动。当训诫试图以概括性的知识或常态化的霸权实践的形式体现其自身时，混杂的策略或话语就打开了**谈判/协商**的空间，在此权力是**不平等的**，但其清晰度（articulation）/表达或许也是**模棱两可**的。这样的谈判既不是同化也不是合作。这就使得拒绝社会对立的二元化代表的“间质”代理（interstitial agency）的出现成为可能。混杂的代理在不追求文化霸权或主权的方言中找到他们自己的声音。他们将取自原生地的部分文化用来构建族群的愿景和历史记忆的版本，从而为他们所属的少数人群提供叙述的形式。

（巴巴 1993：167-214）

在此巴巴将他对混杂的理解进行了概括。这篇文章在1985年《视为奇迹的符号》第一次出版后的8年发表，这8年时间使巴巴能够反思他最初的观点并发展出更清楚、也更有说服力的对混杂的解释。主要的论点并未改变。在第一部分，巴巴说明了在政治对立的情况下构建权威的策略。他再一次强调跨文化关系的多样性和活力阻止了社会对立的二元体系（殖民对象和殖民者、少数族和多数族等）的分类。之后，他提示我们权威构建策略自身的矛盾性开启了谈判/协商的间质空间（interstitial space），而在间质空间的范围内，仍然存在不平等，但权力的表达则是模棱两可和矛盾的。这一点是值得重视的，因为巴巴在其文中提到的策略上的颠覆经常被误解为是权力的现存结构或权力自身的消除，但其实并非此意。不平等的权力分配保持了（过去和现在）文化关系的必然特征，但存在于权力论述和实践中的矛盾性则使它的可读性复杂化，矛盾性使得等级体系的结构很难被察觉也很难加以维持。于是，巴巴通过对混杂的定义断定，混杂作为一个文化条件，允许了少数人群得以将取自原生地的部分文化用来构建族群的愿景和历史记忆的版本。换句话说，巴巴通过给予少数人群的人们以对抗霸权的代理来总结了他的定义。这些观点大多数我们已经述及，下面将关注最后两个尚未涉及的问题，即少数派文化和少数人群的出现。

70 不平等的权力分配保持了（过去和现在）文化关系的必然特征，但存在于权力论述和实践中的矛盾性则使它的可解读性复杂化……

将文化表达为片面（partial）的，是理解巴巴的混杂概念的关键所在。巴巴再次使用英语福音书的观点来解释少数派文化的概念，或者说“混杂的偏好化过程”。他说，尽管这本书如今仍然存在，但是它已经不再表达福音或英国民族主义的原意；因此在殖民的语境中它的存在只属于少数人。“剥夺了它们的全部存在”，巴巴这样说道：

> 文化权威的知识可以通过“原生”知识的形式来清楚表达，他们需要面对他们必须要统治的那些被歧视的对象但是却不能再代表他们。这有可能导向对权威的质疑，如同新德里郊外的那个例子，而权威，包括《圣经》在内，却无法作出回答。
>
> （巴巴 1994：115）

这些权威无法回答原住民提出的质疑，是因为他们和殖
71 民者的知识体系（认识论体系）不一致。与福音书相关的问题却是由处于该书（英国文化）体系外的人提出的，这种局限性印证了巴巴关于文化始终是不完整的观点。文化总是属

于少数人的，总是处在不断形成的过程中，而这个过程通常发生在文化的边缘。因此,文化（和文化所包含并代表的知识）不能被统计或者是以无所不包的英国式、欧洲式的形象所概括。基本上，混杂的少数化过程之所以威胁到殖民者，是因为这揭示了会始终存在与权威相对立的立场，以及权威叙述的阐释本身就带有明显的差别痕迹。

这把我们引向少数人群和他们所代表的少数派文化。由于巴巴的混杂理论为少数人群的出现开辟了一个场所，同时也有利于持续的文化混杂，但是在国家的背景下，少数人群的存在仍然会受到无声地压制，如前殖民地的居民、妇女、移民、男同性恋者、女同性恋者等等。当然混杂的观念打开了文化协商（cultural negotiation）的“空间”，确实提供了有利的理论条件以使少数人群可以发出声音并得以被听到，但在这个协商“空间”中权力仍然是不平等的，表达方式是模棱两可的。

混杂和混杂化是解决少数派的相关问题的重要概念，因为其目的并不是要消减而是要保持作为各种文化的内在特征的差异性……

混杂和混杂化是解决少数派的相关问题的重要概念，因 72
为其目的并不是要消减而是要保持作为各种文化的内在特征的差异性，因此，这认可了少数人群在持续的文化生产中应该以积极参与者的身份存在的理论（详见第 6 章）。

在本章的开始我谈到巴巴的那篇名为《视为奇迹的符号：1817 年 5 月德里郊外树下，关于矛盾和权威的问题》的文章标题的睿智之处，这个标题是一个具有暗示性的、看似毫不相干内容的混合。首先，我们看到了一个宽泛而抽象的概念，如矛盾和权威。这里还有一个既定背景，一个暗示的地理位置，但是并不精确：德里郊外的一棵树。然而，标题却以一个准确的时间作结，“1817 年 5 月”。实际上，这个标题似乎就概括了文章所要探讨的这个概念——混杂——的多维度。如同巴巴的标题，混杂的概念呈现了多重的含义和理论上的应用。有些是抽象的、无形的，有些则是准确的、客观的。混杂曾被作为一个场所（site）来定义，一个处于各文化之间的不确切的边缘位置，这种定位与巴巴在文章标题中表述的德里郊外的一棵树有些类似：这个场所不在德里的中心，是不精确的某个地方，是一个很多事情都可能会在此发生的场所。混杂也被定义为一个持续的过程，在这个过程中文化和文化元素被重新表述并获得更新后的意义，例如巴巴的文章标题所引出的问题——揭示作为权威标志的福音书的矛盾性。混杂还被定义为一个合成物，一个被给定了界限和精度的结果（如一本书，一个建筑物），这就像是一个日期：1817 年 5 月。然而，这些不同的维度，或者说对混杂性的不同理解无法分别单独地去考虑，因为那些有限的合成产品会持续被生产，必须有一个地方（场所），在那里处于持续混杂状态的各元素各自保持分离而不会相互合成。如果从这点延伸开来，混杂过程中处于居间空间的元素是紧张共存的状态，这些元素能够保证并持续保证文化混杂的不断产生。这正是文化生产力的观点，差别的增殖体现在混杂的概念中，阻碍权力的施行。“混杂”这一概念也具有通用性，对于建筑师、建筑理论家和历史学家都很有吸引力。就其最基本的形式而言，混杂使建筑和城
73 市的理论与不同的形式、材料和装饰相结合。然而巴巴关于混杂的概念到目前为止的解释提供了无数的机会来处理形式和图像的问题，从而超越了建筑评论现有方式的局限，将建筑与经常被忽视的更广泛的社会政治与文化问题连接起来。

关于混杂的批判

尽管混杂是巴巴的理论中最有力量和感召力的术语之一，但它也引起了很大的争议。在巴巴殖民话语批判中引用的所有概念（模仿，演现，甚至是他对精神分析的矛盾性的使用）里，“混杂”这个概念受到的批判最多。正因为如此，在深入探究这个概念对建筑讨论带来的推动之前，有必要先了解对巴巴混杂概念的主要评论观点。关于这些评论的简明分析不仅有助于将巴巴的作品置于更宽广的语境中，评论家们的解释和表达还有助于更好地理解巴巴的观点。

尽管混杂是巴巴的理论中最有力量和感召力的术语之一，但它也引起了很大的争议。

让我们从《帝国的边缘：后殖民主义与城市》(*Edge of Empire*: *Postcolonialism*）一书的作者简·M·雅各布斯（Jane M. Jacobs）开始吧，她的作品与建筑领域密切相关。雅各布斯批评巴巴是因为他在论述和区别政策中对殖民权威的质疑似乎只集中在殖民主义的内在矛盾性——其话语和区别策略——而不是关注作为颠覆的代理人的殖民地民众。换句话说，对殖民主义自身内在缺点的揭露，在殖民对象欠缺颠覆中介的情况下依然破坏了殖民者对权威的要求。用雅各布斯自己的话说，“这是因为巴巴 74
将注意力集中于殖民话语的领域而不是反殖民的话语及形成”（雅各布斯 1996：28）。考虑到巴巴一直认为“反抗不是表达政治意图对立的必需行为”，但“矛盾状态的影响产生于主导话语的认知规则，因为它们清晰地表达了文化差别并在殖民权力的差异性关系中再次将其呈现出来”（巴巴 1994：110-111），雅各布斯的批评看来是有根据的。换句话说，她指责巴巴不能公正对待在反殖民运动和其他形式的集体抵抗中表现出来的政治论争。

巴巴理论的最敏锐的评论家之一，罗伯特·扬也同样质疑过巴巴使用混杂和混杂化术语的方式缺少了对它们的理论传统和使用这些术语来描述的不同文化状况的谨慎思考。扬明确地批评巴巴为了描述殖民话语的矛盾状态所使用的包括混杂和模仿在内的一系列术语。还有，“没有说明这些理论材料的历史出处，也并未说明巴巴自己作品中的理论叙述以及这些作品所涉及的文化内容”（扬 1994：186）。扬的批判很简洁，但是涉及三个非常重要的方面。首先是巴巴未能说明他所使用的专业术语的历史出处。扬认为之所以产生这些问题是因为这些术语之前被使用的时候就在理论和地理的语境中承载着社会政治意义。比如，混杂在语言学中是用来描述那种前缀或后缀来自一种语言而词干来自另一种语言的词。混杂在生物学领域用以描述不同物种的混合过程，为了增加产量或制造能够抵抗自然条件的新物种。但是，混杂概念在 19 世纪种族歧视的背景下被当作殖民种族划分的重要手段。扬认为，在这种语境中，这个混杂的概念与巴巴所试图表达的恰恰相悖。扬并未彻底否定巴巴的观点，事实上他与巴巴的观点一致，都认为混杂
75 对殖民话语产生了令人不安的影响，并强调了这些被选择的术语在历史语境中的必要性。否则以扬的观点，巴巴赋予那些术语的理论能力会因为缺乏语义学（和历史学）的准确性而大打折扣。

第二点，扬批评巴巴为了重申他对殖民话语的批判而宽

泛地选择术语。扬认为巴巴不断地从一个术语转换到另一个，但是，似乎每个术语都在表达同一个理论目的：质疑殖民话语的权威。正如扬所说：

> 每次巴巴似乎都通过用这些永恒不变的特征暗示着正在讨论的概念构成了殖民话语论述自身的条件并且能适用于所有的历史时段和背景，因此当某个概念被其后出现的某个概念所取代的时候，感觉是很突兀的，比如在赞同巴赫金（Bakhtinian）混杂理论的段落中"精神分析"一词被完全摒弃，而在下一篇章中该词又再度出现而且使用频繁。这就使得理论阐述本身似乎也成为某种殖民状况的叙述。当然，不同的概念化不可避免地产生不同的重点，但是忽视不同表述之间的相互关系这点着实让人感到困惑。
>
> （扬 1994：186-187）

尽管扬对巴巴的理论有诸多批判，但他认为"尽管很难辨认其中的不同之处，但是在使用中仍然能够察觉到某种特定的模式"（扬 1994：187）。为了表示对巴巴的赞同，他随后提出殖民主义的复杂性使得任何单独的概念在描述和推进殖民批判的过程中都显得不够充分。因此，多样的概念是必需的，而其中每个概念都要与特定问题或特定历史时刻相关。很明显，扬希望巴巴能够更详细地阐述他使用的每一个概念，并且为了使批判叙事更连贯一致且更有效，还要清楚地说明这些概念的用法。

扬批评巴巴的第三点是，他认为巴巴在他的文本中缺乏对 76
文化的关照。这大概是巴巴的理论中最值得商榷的问题，其他尖锐的批判家，如比尔·阿什克罗夫特、简·雅各布斯、阿尼亚·卢姆巴[1]和贝尼塔·帕里[2]等也提出了类似的观点。他们认为巴巴为自己的理论研究设置了难以区别具体情况的多重语境，历史的、社会的、政治的，还有经济的。巴巴通过提及如阿尔及利亚、斯里兰卡等不同历史时期的许多国家，相当迅速地从殖民地的印度转向了当今的纽约。由此，巴巴的混杂概念之所以出现问题主要是由于对殖民情况和殖民混杂的特征的概括。换句话说，具有讽刺意味的是，作为差别化策略所表现出来的事物，却具有殖民关系普遍且同质的特征。

这是一个微妙的问题，因为在后殖民话语中应用混杂这个概念的目的并非要证明所有的文化都是混杂的，而是与之相反，要证明所有的混杂都是不相同的。

这是一个微妙的问题，因为在后殖民话语中应用混杂这个概念的目的并非要证明所有的文化都是混杂的，而是与之相反，要证明所有的混杂都是不相同的。后殖民混杂的概念涉及处于

① Ania Loomba，印度学者，现任教于美国宾夕法尼亚大学（University of Pennsylva）英语系。在早期现代主义文学、种族与殖民主义历史、后殖民主义、女性理论和当代印度文学与文化等研究领域成果丰富，主要著作有《殖民主义 - 后殖民主义》（*Colonialism-Postcolonialism*，Routledge，1998 年）、《莎士比亚，种族与殖民主义》（*Shakespeare*，*Race*，*And Colonialism*，2002 年）、《性别，种族，文艺复兴戏剧》（*Gender*，*Race*，*Renaissance Drama*，1989 年）、《后殖民主义的莎士比亚》（*Post-Colonial Shakespeares*，Routledge，2005 年）、《革命的渴望：印度的女人，共产主义与女性主义》（*Revolutionary Desires*：*Women*，*Communism*，*and Feminism in India*，Routledge，2018 年）等。——译者注

② Benita Parry，英国华威大学（University of Warwick）英语与比较文学荣休教授，主要学术领域为殖民主义与帝国主义文学研究、后殖民主义研究。主要著作有《后殖民研究：唯物主义批判》（*Postcolonial Studies*：*A Materialist Critique*，2004 年）、《康拉德与帝国主义：意识形态的界域与幻想的边界》（*Conrad and Imperialism*：*Ideological Boundaries and Visionary Frontiers*，1984 年）、《错觉与发现：英国想象中的印度的研究》（*Delusions and Discoveries*：*Studies on India in the British Imagination*，1972 年）。——译者注

特定地理位置和准确历史时刻的殖民者与殖民对象，以及牵涉在内的其他社会文化团体，如奴隶、商人等等之间关系的特殊性。显然，殖民者和殖民对象的关系自 17 世纪的玻利维亚到 19 世纪的东南亚，从 18 世纪的印度到 20 世纪早期的阿尔及利亚，其中的跨度非常大。即使这些地区发生的文化混杂都是 77
殖民主义催生的，也不应认为这些地区的殖民情况完全一致。批判后殖民混杂概念的效力在于揭示出不同团体在不平等且不公正的情况下为维护自己的身份认同（通过转换）进行斗争的这一事实——这也确如巴巴所言，只是以更加宽泛的方式。

批判并没有终止关于混杂的争论，而是导向了理论的优化。

通过了解这些最富洞察力的关于巴巴作品的评论，我打算进一步阐明后殖民理论中混杂的影响和潜在的可能性。事实上，阿尼亚·卢姆巴、贝尼塔·帕里、扬·N·彼得斯[①]、埃拉·肖哈特[②]和罗伯特·扬以及其他众多评论家的相关评论都有利于巴巴理论的传播和进一步发展。批评并没有终止关于混杂的争论，而是导向了理论的优化。正因如此，巴巴的混杂概念在后殖民研究中一直都是关键，并且在过去的三十年里对建筑领域也产生了很大的影响。

---

① Jan Nederveen Pieterse（1946 年—），出生于德国，美国加利福尼亚大学圣巴巴拉分校教授，主要从事全球化研究、发展研究与文化研究。代表作《全球化与文化》（*Globalization and Culture*，2003 年）、《全球化还是帝国？》（*Globalism or Empire?*, 2004 年）、《发展的理论：解构 / 重构》（*Development Theory: Deconstructions/Rcconstructions*, 2002 年）、《种族与全球多元文化》（*Ethnicities And Global Multicultur*，2007 年）。——译者注

② Ella Habiba Shohat（1959 年—），以色列裔美国文化研究学者，主要从事后殖民理论、跨国文化、中东问题及阿拉伯犹太人问题的研究。代表作有《无思想的欧洲中心主义》（*Unthinking Eurocentrism* 1994 年）、《以色列电影：东方 / 西方与表达的政治》（*Israeli Cinema: East/West and the Politics of Representation*，1989 年）等。——译者注

建筑形式的混杂

如前所述，混杂和混杂化的概念对当代建筑理论的发展有很重要的影响。这些概念已经被具体地用来讨论前殖民地民众的建筑问题，也用来讨论所谓的发展中国家的建筑生产问题。但是在早期的讨论中，建筑理论学家和历史学家对混杂的了解主要还是来自它语义学上的含义：一个代表了材料、形式、结构技术和装饰的结合的术语。从这个意义上来说，混杂的建筑是在隐含地以“非混杂”的建筑或者可追溯至古典时期的欧洲建筑的假设的纯粹性为背景的。因此，在这种情景下，混杂建立起了将权威赋予欧洲建筑的等级体系，这种权威建立在先例和所宣称的同质的基础上。

78

……在这种情景下，混杂建立起了将权威赋予欧洲建筑的等级体系……

混杂概念的一个应用实例是克里斯·亚伯[1]的作品，他在《建筑与个性——对文化和技术变革的回应》(*Architecture*

① Chris Abel，英国建筑理论家、文化理论家、作家、教师。1968 年毕业于 AA 建筑学校（Architectural Association School of Architecture in London），2012 年获澳大利亚悉尼大学博士学位。20 世纪 60 至 70 年代在创刊不久的《建筑设计》杂志上发表了一系列开创性的文章，曾在加拿大、美国、马来西亚、沙特阿拉伯、新加坡、土耳其的主要大学任教，其设计教学方法很具创新性，其教学成果为一系列新的教学计划及发表在《建筑评论》及其他杂志上的文章。20 世纪 80 年代末回英国大学执教，1991 年至诺丁汉大学建筑系，开创了跨学科的系列理论课程及 studio 课程，旨在探索发展设计教育的全新模式。这些年来他的研究涉及人工智能、高技建筑等。代表作《建筑与个性》(*Architecture and Identity*: *Responses to Cultural and Technological Chage*，第 3 版，Routledge，2017 年；中文版 2019 年由中国建筑工业出版社出版）、《扩展的自我：建筑，文化基因与思想》(The *Extended Self*: *Architecture*，*Memes and Minds*，2015），《建筑、技术与方法》(*Architecture*，*Technology and Process*，2004 年，中文版 2009 年由中国建筑工业出版社出版）。——译者注

and Identity: Responses to Cultural and Technological Change）一书中专门用一章详述了他对建筑混杂的研究，标题是“生活在一个混杂的世界”，讨论了马来西亚在殖民背景下不同建筑元素的融合，开篇即简要分析了马来西亚的本土住房。亚伯详细描述了马来西亚住房的形式特征，认为其形式不仅适应当地的环境条件，也适应当地居民的文化传统和社会组织。在描述了马来西亚住房之后，亚伯通过一系列实例研究分析了他称之为“新”马来西亚建筑的形成过程。

亚伯研究的第一个实例是坐落在槟榔屿乔治城（Georgetown，on the island of Penang）的典型英国殖民建筑。亚伯之所以选择这个案例是因为它与马来西亚的早期英国殖民建筑十分类似，同时在类型上也是一种典型的欧洲建筑：别墅。亚伯的研究将这种房屋建筑形式的起源追溯至意大利文艺复兴时期帕拉第奥的别墅。亚伯的论述如下： 79

> 建筑师很容易认出的基本形式，是帕拉第奥的郊外别墅。从某个层面上来说，这是古典建筑跨越了时间和

空间最成功的例证。从意大利北部的威尼斯，帕拉第奥在16世纪中期建造的几乎所有别墅都在那里，到英格兰，伊尼戈•琼斯[①]的作品和18世纪的英式帕拉第奥建筑，再到如今地区差异明显但仍为英属的东南亚地区槟榔屿上的建筑，都采用了类似的建筑形式。

（亚伯 1997：153）

在梳理了欧洲建筑的谱系发展之后，亚伯分析了马来西亚的英国建筑师是如何逐渐地将意大利别墅形式中的元素融入当地的住房建筑中，并且使其能够适应所处的热带气候环境特征。基本的形式，平面、比例关系和组成元素保持不变，但是将某些特征加以调整，主要出于空气对流的考虑，并设置了能够抵御暴雨与暴晒的灰色空间。亚伯认为以这种方式，在马来西亚由英国建筑师设计建造的郊区别墅“很明显既不是意大利式的或英格兰式的，同时也不是二者混合式的，而是热带马来西亚式的”（亚伯 1997：154；强调原创）。

在第二个研究案例中，亚伯将中式“店铺”（shophouse）建筑作为“应用于非西方建筑类型和社会形式的古典建筑语言”（亚伯 1997：155）的实例进行分析。在这个实例中，来自欧洲建筑的古典柱式和主题以不同的方式被使用，区别于欧洲的**原型**。亚伯再一次解释了欧洲建筑的装饰和古典柱式如何转变以适应热带气候条件和马来西亚殖民城镇的城市贸易特性的。

亚伯分析的第三个实例是一座由殖民管理部门负责设计

① Inigo Jones（1573—1652年），英国建筑师。是英国近代历史时期最重要的建筑师，也是最著名的建筑师，他最早使用维特鲁威的比例与对称法则，最早将罗马古典建筑和意大利文艺复兴建筑介绍到英国。伦敦仍保留有他设计的若干建筑，如Queen's House（英国第一座纯粹古典风格的建筑）、Banqueting House，Whitehall（英国政府白厅的宴会厅）、Covent Garden（科芬园的布局设计）等。——译者注

和建造的政府办公大楼，最初由一位英国建筑师按照古典风格设计，后来由他在公共工程部的上司重新进行了设计。后 80
者曾在锡兰（Ceylon）工作过，很欣赏印度的撒拉逊式建筑（the Saracenic）。因而他的设计结合了古典和伊斯兰的形式，按亚伯的说法，“是一座一眼就能看出带有吉隆坡历史性政府建筑特征的建筑物”（亚伯 1997：158）。所以，对亚伯来说，马来西亚建筑是以对欧洲建筑类型的最低程度的改编，还有古典的欧洲建筑与伊斯兰建筑的结合为特征的。然而，亚伯没有着力讨论在马来西亚现代建筑形成的过程中本地前殖民时期建筑传统所扮演的角色。

让我们稍作停顿，再来回顾一下亚伯对他所谓的**新**马来西亚建筑，即一种混杂建筑的论述。首先需要注意的是，亚伯并没有论述殖民主义是以何种方式对马来住房建筑的改变产生影响，他只关注欧洲别墅建筑类型被“英国建筑师们”转化的方式，他们还将从马来住房中提取的元素引入其中。欧洲人来到马来西亚后其本土住房发生了什么改变亚伯并不关心，他似乎只专注于文化的相互作用对欧洲建筑的影响。亚伯未能解释马来人的住房是否由于被殖民而进行改造了，还是因被殖民而停止使用了。由此可见，亚伯所称的马来西亚建筑的**新**身份，是由英国建筑师在殖民地 - 殖民地主体中创造的欧洲建筑风格的变形版本，而他们自己的建筑则被彻底摒弃了。

从第二和第三个案例的研究能得出一个相似的论点。很显然欧洲建筑的类型和风格被改变了，并与其他的类型和风格相结合以适应马来西亚的特定环境，不仅要适应气候，还要适应英国殖民者带来的贸易和经济的特殊性。然而，被这些“混杂的”建筑所取代的本土建筑并未被提及。亚伯无法展开这方面的论述，因为在这两种情形下新的类型都是因殖民而被迫形成的结果：资本主义（以商店为代表）和中央管理体制（以行政建筑为代表）。在此情况下，混杂化即是欧洲建筑类型与风格的特质。这既不会发生在非西方建筑上，其历史性的混杂化对于历史学家而言也无关紧要。

81

……混杂化的形式重新书写了关于欧洲建筑历史是原创和均质的观点，经由伊尼戈·琼斯将英国式建筑与意大利帕拉第奥式建筑相混合。

此外，混杂化的形式重新书写了关于欧洲建筑历史是原创的和均质的观点，如伊尼戈·琼斯将英国式建筑与意大利帕拉第奥式建筑相混合。同时，这也意味着马来西亚的混杂建筑，尽管是先进的英国建筑师和工程师所设计建造的，却仍然低于其原型（纯粹）的标准。可以举出一个殖民模仿的实例，渴望改良的本土建筑在本质上是低等的，因此需要借助殖民者的建筑手段来加以提升，如上所述，即假设了殖民对象只能在欧洲建筑的支持下获得进步。亚伯将马来西亚自己的建筑视作欧洲建筑类型的变形版本是遮蔽了先前的历史印记。这一疏漏恰好反映了历史被消除的过程：当非欧洲人被记入欧洲的全球历史进程中时，他们自己在殖民前的过去就被消除了。这就是没有历史的个体历史的建构——至少不是作为西方历史进程的一部分——他们只能通过殖民者的学术历史化方法获得历史的主体性。这一过程的矛盾性对建筑历史的正确性和从历史角度表述前殖民地民众的方式提出了质疑，对此我们将在最后一章加以讨论。亚伯“构建”马来西亚建筑的身份特征的方式，就好似马来西亚人不能构建自己的建筑身份一样，使得奉欧洲建筑话语和实践为权威的等级体系更加持久。

82 在后殖民话语中，即使是混合风格、材料和技术的简单操作都会触发质疑——谁在进行混合，混合在什么情况下发生，以及谁记录了历史上的混合。

对亚伯建筑混杂的扼要解读揭示了巴巴的批评方式是如何开启了挑战建筑历史正确性和单义性的大门。也揭示了降低混杂在理论上的困难是将混杂简化为描述风格、材料与建造技术的混合的能力，或者以同样方式表达建筑特征的能力。混杂这一术语固有的政治内容意味着这样的混合从来都不是无伤大雅的。在后殖民话语中，即使是混合风格、材料和技术的简单操作都会触发质疑——谁在进行混合，混合在什么情况下发生，以及谁记录了历史上的混合。由此，“混杂”这个概念是作为一个复杂的机制，为了持续不断地研究和理解超越了单纯形式的建筑而出现的。

非西方建筑的表达

近年来，后殖民批判方法在建筑领域的应用拓宽了关于建筑混杂的讨论范围。与仅仅关注形式相比，混杂概念成为联结建筑领域和其他学科论争的媒介，最终将建筑话语政治化。比如帕特里夏·莫顿[①]在她的著作《混杂的现代性》中引用巴巴的理论作为一种方法来检验法国人在 1931 年的世界博览会上是如何代表来自他们的殖民地的民众的。在书的开篇，莫顿就提出了五个能够描述她全部论点的问题：

> 当这些殖民对象 1931 年被带到巴黎的时候发生了什么？当这些殖民地与巴黎相提并论的时候是否产生了意

① Patricia Morton，美国加利福尼亚大学艺术史系教授，从事近代与当代欧洲史研究、美国城市与都市主义研究、法国殖民地建筑研究及后现代建筑研究。代表作《混杂的现代性》(*Hybrid Modernities*)。——译者注

> 想不到的意义？
>
> 83 殖民地的建筑是如何被表达的？
>
> 博览会是一个令人信服的殖民环境吗？
>
> 具有既代表法国殖民权力又代表帝国的殖民地社会的双重功能的建筑是如何产生意义的？
>
> （莫顿 2000：9）

尽管莫顿并没有详述爱德华·萨义德的东方主义概念，但是这些问题确实把这一论争置于那样的语境当中：相对于自认优越的殖民者，殖民地的文化表达是黑暗的、异域的、野蛮的和性别化他者的（sexualised Other）。萨义德强调这种矛盾的关系是由这一事实所引起的，即异域化的他者对殖民者产生了无法解释的吸引力，这种吸引力使他们非常害怕失去对被殖民者的权威。不过，莫顿并非只专注于萨义德，她更乐于使用巴巴的混杂理论。她发现巴巴的混杂理论有助于表达不确定的、缺乏解决办法的，以及需要在持续的争论－协商的语境中去分析的殖民关系：

> 混杂性的展示馆体现了殖民者和被殖民者体验的交集，也是巴巴定义为后殖民空间的“居间地带”。这次展览占据了体验的居间区域，在此法国殖民主义的标准、规则和制度都产生过，也崩溃过，由于内部矛盾二者都是不可持续的。
>
> （莫顿 2000：14）

对莫顿而言混杂性并不固着在建筑上或展览馆的形象上。混杂性的出现与博览会的更大的背景相关，如同巴黎和法国是一个整体的关系。莫顿认为混杂是一个场所，但不是一个物质的场所，而是一个范围，不是一个精确的地点，在那里“法国殖民主义的标准、规则和制度”被强化，同时被废除。也正因如此，莫顿倾向于混杂的各种形式，能够同时应用于殖民主义权威话语的生产和话语原则的消除。

莫顿认为混杂是一个场所，但不是一个物质的场所，而是一个范围，不是一个精确的地点，在那里“法国殖民主义的标准、规则和制度”被强化，同时被废除。 84

混杂的第一种形式在本土展示馆可以看到。它们由法国建筑师，而不是本土建筑师设计。本土展示馆外观形象的设计精确地复制了殖民前原住民的建筑，似乎殖民从未发生过。而另一方面，展示馆的内部则说教式地展示了先进性和法国的文明。换句话说，本土展示馆的外观代表野蛮人而其内部则象征法国带来的进步。尽管其关注点是特定的文化事物，如物体、形式、材料等物质上的共存，但莫顿提出的这些矛盾共存的含义超越了物质的局限（而不是合并）。内部和外观的分离体现了建筑物层面上的混杂化形式。

混杂的另一个实例来自展示馆的不同种类：分别代表本土建筑和大都市。前者以殖民地的本土风格建造，后者的设计则充斥着装饰派的美学原则。莫顿认为这种意味深长的分化是服务于彰显殖民地的落后和法国的发达这一目的。这种政治化的本土展示馆和大都市展示馆的共存体现了博览会层面上另一种形式的混杂。

混杂更富有戏剧性的形式是为了满足在巴黎这样重要的欧洲首都城市的建造需要而出现的。巴黎这个层面上的建造需要建筑师运用布杂艺术的设计技巧以夸饰或重塑本土展示馆并使其具有纪念性意义，即使这些本土展示馆保持着每个标识其文化的原初的形式、外观和装饰元素。“这种代表

85

性要素的混合将博览会上的建筑带入了危险的杂糅领域”，莫顿说，“对殖民地来说多么可怕啊”（莫顿 2000：197）。莫顿进一步详细描述了杂糅所带来的危害，尤其是当其是自发产生而不是在权威的控制之下产生的时候，建筑即是其中之一。莫顿解释说，在博览会举办期间，法国人对“异域”建筑十分热衷。这种魅力体现在遍及巴黎和法国的无数东方风尚的折中主义建筑中。除建筑之外，这种对原始文化的迷恋已经对法国文化的其他方面产生了巨大的影响。催生了被视为属于颓废世界文化的黑人舞（bals nègres）、爵士乐、嗜黑癖（negrophilia）和原始主义，这些都被认为是颓废的世界性文化的一部分。出于对东方主题的迷恋，那时巴黎自发建造的折中风格的建筑激增，这些建筑被认为是模仿拼凑的，自然不被博览会主办方认可。对他们而言，自发的折中风格建筑反映的是文化混合的骇人状况，反观由法国建筑师设计的本土展示馆，遵循了布杂艺术的准则

因此未对其权威构成威胁。正因为如此，莫顿认为法国殖民主义固有的悖论是“拒绝混杂的同时在制造混杂”（莫顿 86
2000：200-201）。混杂的最终形式超越了博览会的限制，甚至巴黎的限制，因为总的来说它涉及的是法国乃至整个欧洲。

混杂的形式动摇了殖民话语的二元结构，正是因为混杂的形式使得差别不断衍生而非受到抑制……

总而言之，莫顿所界定的1931年巴黎世界博览会的三种混杂形式引起了“不同人种间界限的消除和模糊，以及建立在殖民主义基础上的差别准则的消除”（莫顿 2000：200）。莫顿认为，混杂最明显的特征并未体现在博览会所呈现的不同规模和风格的建筑中，也并非是建筑外形和内部之间的冲突，而是普通法国人对本土主题的借用。混杂的形式动摇了殖民话语的二元结构，正是因为混杂的形式而使得差别不断衍生而非受到抑制，这恰好是殖民主义的噩梦。因为当混杂超越了权威（建筑师）的控制，就构成了威胁。或者用巴巴的话说：

> 来自混合的偏执的威胁最终将无法控制，因为它破坏了自身/他者、内在/外在之间的均衡性和二元性。在权力的生产中，权威的边界，它的现实影响，总是会受到固定的“另一个场景”和幻影的困扰。
>
> （巴巴：1994：116）

莫顿对1931年巴黎世博会上的建筑混杂进行了全面的、引发争议的描述，关于殖民对象、本土居民在材料、文化和政治混杂的生产中扮演什么角色的这一问题于是浮 87

出水面。尽管莫顿尽力强调建筑的混杂性是如何模糊了殖民权威的认可规则的，但是用巴巴的话来说，很明显她所提出的混杂的多样形式的产生都来自欧洲人——法国建筑师（还有音乐家、画家，甚至普通的法国人）。本土民众被排除在混杂的产生之外。因此，莫顿其他与在巴巴作品中发现了问题的其他批评家一样也有矛盾之处：混杂概念在理论上有助于揭示殖民话语的内在矛盾性，但同时又否认对殖民对象的任何颠覆性的代理。换句话说，莫顿指出，被动参与的本土民众并不具备反抗的能力。

建筑的混杂**不仅**引发了“新”合成建筑的形成，相反，混杂的建筑是其出现的深层的复杂的过程（社会、政治、历史、经济）的见证。

莫顿忽视这一重要的理论瑕疵，运用巴巴的混杂概念以讨论殖民主义语境下文化表达的问题，以及由权威引发的内在的、长期的争斗。莫顿对混杂的研究使殖民者和殖民对象之间权力分配的不平等，以及某种程度上殖民地民众扭曲的历史经历的问题凸显出来。在她的研究中，混杂不仅是关于形式、材料或装饰元素的混合，而是社会政治影响的混合。建筑的混杂**不仅**引发了“新”合成建筑的形成，相反，混杂的建筑是其出现的深层的、复杂的过程（社会、政治、历史、经济）的见证。这种认知不同于亚伯关于建筑混杂的整体的极简观点。他试图通过从殖民对象殖民前
88 的历史中根除其文化的方式来强化欧洲文化，而莫顿则是提出了对建筑混杂的一种解释，即去尝试承认殖民者和殖民对象之间的抗争关系。

第 5 章

第三空间 89

“第三空间”是当代文化理论中的一个概念，与霍米·K·巴巴的研究密切相关。虽然巴巴本人并未详细阐述这一概念，但是他将其作为“文化意义表达的先决条件”（巴巴 1994：38），从而将第三空间置于他关于文化差异和文化生产力的讨论的中心。

> ……对于第三空间试图“空间化”它所代表的阈限的位置这一问题仍然存在争议。换句话讲，在混杂发生的地方和衍生混杂的地方，混杂使居间空间变得有形。

有一群思想家对辩证系统的简化论甚感不适，而巴巴通过第三空间成为这些思想家中的一员，该系统创造了一个“两极政治”，即对立，比如自己 / 他人、中心 / 边缘、被殖民者 / 殖民者等等。如前述章节所讨论的，巴巴的混杂理论已经尝试在有阈限的条件下（一个入口，或一个路径，存在于两个或多个位置之间）对文化、文化的生产进行定位。用他自己的话来说，混杂就是“既不是这个也不是另一个”，实际上总是处于其间，依循文化相互作用的动态不断地转换其自身。事实上，在 1990 年一篇以“第三空间”为标题的采访发表时，巴巴就将第三空间等同于混杂的概念。他说：“第三空间具有混杂性，它使其他位置的出现成为可能”（巴巴 1990b：211）。这一论断造成了混淆，使 90
人误以为这两个概念代表的是同一事物。对于第三空间试图“空间化”它所代表的阈限的位置这一问题仍然存在争议。从另一方面讲，在混杂发生的地方和衍生混杂的地方，混杂使居间空间变得有形（tangibility）。

第三空间理论的创建

为了说明第三空间的概念，巴巴借助了分离的符号学的相关论述来解释命题和阐释这两个主语。这看似复杂，实则非常简单。这两个主语的分离曾被拉康比喻为“我”这个词在交流过程中的双重作用。对于拉康来说，代词“我”（说话人）是被分离的，因为它在发声的动作中占据了双重位置：既是语句的能指（signifier）又是语法上的主语。不过这个双重身份没有必要是一致的。为了进一步说明两者之间的区别，拉康问道：“我作为能指主语的所在和我作为所指主语的所在之间的关系是向心的还是离心的？”（拉康 2006：430）在回答这一问题时，值得注意的是，首先，拉康的“我”指的是一个人在讲话那一刻的所在，但也是一个当其他人（对话人）回应我们的时候就立即失掉的所在。所以在对话的过程中，“我”（说话人）的位置并不固定，会在两个交谈者之间不断转换，这种情况在两人以上的谈话中更为突出。其次，关于拉康的问题，能指的“我”（我，说话人）与所指的“我”（我，我指的那个人）是向心的还是离心的，答案是：都是。正如拉康自己所说：

> 关键不在于我是否以一种与我是什么相一致的方式说起自己，而是要认识到，当我说起我自己时，我是否正是那个我所说的自己。
>
> （拉康 2006：430）

根据拉康所说，讲话的主语在发声（当一个人讲话时）的时候就发生了分离。在“我”，说出这个句子的说话人和作为说话人在句子中所指的人物（或主语）的“我”之间，已经发生了分离。虽然说话的“我”是不会弄错的，但是第二 91
个“我”则不然，因为这个代词不足以说明我是什么、表达什么还有代表什么。这个听起来似乎很复杂，但其实不然。再容忍我一下，有一个经典例子可以来搞清楚这个看似混乱的问题，那就是“我爱你”。在这句话里，“我”是说这句话并向别的某个人表明他/她的爱的人，这个“我”是不会弄错的，因为它就是那个说话的人。另一方面，还有一个示爱的“我”，肯定要比“我”这个词能够说明的复杂得多，因为这个示爱的“我”包涵全套的感情，恐惧、欲望、创伤等等。这些感受都属于“我”，并使之超出了这个代词的表达能力。作为这个分离的结果，原本含义简单的代词“我”变得深刻而复杂。因此，在交谈的过程中，这个“我”的位置的转换和讲话那一刻发生的分离，使交流的过程变得复杂：它不再是“我”和“你”之间简单且直接的交换，而是一个对话、争论和重述的过程，在此过程中既有意义的产生也有丢失。意义的增减发生在言说和解释口头陈述的动作中。因此，巴巴说：

> 意义的产生需要有经由第三空间的两个场所 [我和你] 的流通，第三空间既代表了语言的普遍情形又代表了行为和制度策略中话语的具体含义，而其“本身”是不可能意识到的。在解释的行为中的这个意识不到的关系所带来的就是矛盾状态。
>
> （巴巴 1994：36）

值得注意的是，巴巴并没有利用符号学类比法或精神分析法去发展第三空间的定义。他用这个例子是为了使内在的

语言差异“戏剧化”，此差异揭示了所有的文化上的演现。与拉康相同，巴巴将“我”和“你”看作是一个场所。其后，
92 巴巴开始将第三空间作为一种通道来展开讨论。如此，这个通路是一个双重的形象，象征着作为一个系统的语言（语言的普遍状况），和说话本身（演现）。的确，这个形象也可以被理解为从语言到说话（人们不受限制的语言表达）的通道。以上所提到的所有关于语言和交流的特点使得内容（信息的意义）在被谈话人接收到之前就变得矛盾了。因此巴巴进一步做出如下说明：

> 对言说的第三空间解释的干预，使得意义和参考的结构变成一个矛盾的过程，并破坏了作为整体的、开放的、拓展代码的文化知识的表达。这种介入极为恰当地挑战了我们对历史的认同，即文化是一种均质性的、统一的力量，被原始的过去所证实，并在**人民**的民族传统中保持着生命力。换句话说，言说的破裂的暂时性替换了西方国家的叙事，本尼迪克特·安德森[1]敏锐地将其描述为同质性的连续时间。
>
> （巴巴 1994：37）

---

① Benedict Anderson（1936—2015 年），爱尔兰政治科学家和历史学家（1936 年 8 月出生于中国，当时其父任英国负责中国贸易的帝国海事局海关总监，归国后于 1941 年全家移民美国）。任教于美国康奈尔大学，1994 年成为美国艺术与科学院院士。通晓多国语言，最为人所知的是关于民族主义起源的探索与研究，还进行东南亚特别是印尼的相关政治、文化问题的研究。代表作《想象的共同体——对民族主义的起源与传布的反思》（*Imagined Communities*: *Reflections of the Origins and Spread of Nationalism*，1983 年），奠定了安德森作为关于民族主义问题的最重要思想家的地位。在该书中他提出了那个著名的定义——国家是一个“想象的共同体”。其他主要著作包括《比较的幽灵——民族主义，东南亚与世界》（*The Spectre of Comparisons*: *Nationalism*, *Southeast Asia*, *and the World*，1998 年）、《语言与权力——印度尼西亚政治文化的探索》（*Language and Power*: *Exploring Political Cultures in Indonesia*，2006 年）、《在三面旗帜下——无政府主义与反殖民主义的想象》（*Under Three Flags*: *Anarchism and the Anti-Colonial Imagination*，2007 年）。——译者注

让我们用麦考利的备忘录来进一步说明这个观点。在前一章中，我们已经了看到了麦考利提出的所有英国人都受过良好教育、具备科学、文化及数学等知识的假设，他代表着英国人或者说是英国化，这是一个完整的、均质的文化构成，被其经典的起源所确认。但是他的备忘录忽略了一个事实，那就是并非所有的英国人都受过教育且具备丰富的知识，而这点恰好是麦氏所认定的英国人与古希腊人的关联。所以巴巴断言：

> 只有当我们理解了所有的文化陈述都是被构建在言说的冲突和矛盾（第三）空间中的时候，我们才能开始理解为何等级体系宣称的固有的原创或“纯粹”的文化都是站不住脚的，甚至在我们寻求实证主义的历史实例来证明它们的混杂性之前。
>
> （巴巴 1994：37）

第三空间理论强调矛盾的修辞，这正是贯穿在巴巴理论 93
体系中的内容。这种修辞不仅是为了削弱殖民话语的权威，还要削弱其施行的手段。通过在言说的那一刻定位矛盾状态，甚至是在陈述被接收到和主语被解释之前它就已经产生了分离，其权威性已经受到了质疑。

第三空间的空间化

显然，巴巴为作为批判术语的“第三空间”固有的空间内涵所吸引。矛盾的是，许多的巴巴评论家都指出，第三空间并不是一个现实的空间，它不可进出，至少建筑师们是以物质的方式这样理解它。巴巴本人断言第三空间是不可再现的。不过在最新出版的关于此论题的《在第三空间中交流》

（*Communicating in the Third Space*）一书的序言中，巴巴用一个比喻来阐明他关于第三空间的观点：

> 经历了 20 ~ 21 世纪的恐怖袭击和种族灭绝之后，真相委员会提供了一个对话的第三空间，致力于在这个被暴力和报复所困扰的社会中推进政治过渡和道德转变的民主过程。针对错综复杂的传统，在卢旺达为种族灭绝的审判提供名称和场所的——加卡卡法庭[①]——有资格作为一个第三空间。它不是一个简单的忏悔的空间，不是对抗的、有罪的空间。它是存在于施暴者和被害者之间、被告和原告之间、指控和供认之间的一个居间的场所和时间。
>
> （Bhabha，2009：x）

它是存在于施暴者和被害者之间、被告和原告之间、指控和供认之间的一个居间的场所和时间。

94 很明显，巴巴通过与法庭的对比明确给出了第三空间的概念，尽管这是具有地理、历史和政治特征的特殊法庭。然而，他似乎不愿通过划定物理界域来限定第三空间的理论可能。正因为如此，在这个实例之后，巴巴用暗喻为其论据进行了替换或者补充。他请我们思考约瑟夫·康拉德[②]的《黑

---

① 加卡卡法庭（the Gacaca Courts，Rwanda）是一种传统的卢旺达司法制度，由从社区选出的成员作为法官，本地居民可以自由作证。——译者注

② Joseph Conrad（1857—1924 年），波兰裔英国小说家，其作品除小说、短篇小说外还包括数量丰富的散文。代表作小说《吉姆老爷》（*Lord Jim*）（1900）、《诺斯托罗莫舰》（*Nostromo*，1904 年）、《特工》（*The Secret Agent*，1907 年），短篇小说《黑暗的心》（*Heart of Darkness*，1902 年）等。很多作品以海上或异国他乡的冒险故事为主题。因其复杂的写作技巧、深刻的见解和强烈的个人视野日渐被视为最伟大的英语小说家之一。《黑暗的心》是后殖民阅读经常选择的文本。——译者注

暗的心》——在后殖民阅读[①]中经常提及的一部小说——中的一个故事，小说的主角马洛意识到战争的矛盾性，不愿意把本地的土著当作敌人，他遇到一个垂死的黑人，黑人的脸就在他的手边，接着他看到这个黑人的脖子上系着一小块白色的精纺羊毛布料，“为什么？他是从哪儿弄到这个的？那是个标记——饰物——符咒——一种示好的行为？”在引用这个故事和马洛的问题时，在这里，第三空间依旧被赋予了物质性。然而，在这一时间，第三空间没有被看作是一个真实的空间，而是一个物件，一块系在垂死的黑人脖子上的羊毛布料：

> 在这两者之间，马洛进入了第三空间。而他被带入的，正是一种翻译的时间性，在这时间性中，来自海外的白色毛织物作为一个“符号”，是带有某种意图的物件，在殖民地的空间内它已经丢失了原有的意图模式，同时反之亦然。毛织物是为人所熟知的殖民地贸易的最初商品，它经过了一个处于黑暗中心的不可翻译的疏远的区域，在另一个时间点上出现，准备着被重新唤起。
>
> （巴巴 2009：xii）

那块羊毛布料揭示出马洛与本地人之间的一个模棱两可的区域，一个第三空间，在那里两者之间的极简关系被扩展并变得复杂而不是变得明确。简单使用二分法来区别本地人

① 后殖民阅读选择的文本主要是殖民者的作品（也可以包括被殖民者的）。通过对经典文学作品的解构性的重读甚或重写，对殖民化在文学生产、历史书写、人类学叙事等方面所产生的长远影响进行深入思考。被选择作为后殖民阅读的经典英文作品还有莎士比亚的《暴风雨》、《鲁滨逊漂流记》、《呼啸山庄》、《简·爱》、《曼斯菲尔德庄园》、《印度之旅》以及福尔摩斯探案系列。巴巴本人则偏爱奈保尔（V.S.Naipaul）、拉什迪（Salman Rushdie）的小说，还有诗人埃德里安娜·里奇（Adrienne Rich）的诗。——译者注

和大都会居民显然不足以解释本地人如何获得这块布料以及他为何会带着它。巴巴讨论中的一个有趣的方面是关于羊毛布料的，这种纱线（以及由这种纱线织成的布料）是在英格兰诺福克郡的沃特德村（Worstead）[①] 生产的。沃斯特德在 20 世纪是一个繁荣的小镇，当时鼓励从佛兰德（Flanders）
95 移居来的织布工人定居英格兰，并在此建立自己的纺织产业。也就是说一个显著的英式风格其实是由佛兰德（Flemish）移民创造的。这一事实强调了巴巴关于第三空间的普遍概念，即第三空间是一个通道，一个对话、争论和重述的空间。在第三空间中，由诺福克郡的佛兰德移民制造的物品成为英国风格的象征，而当其被系在一个异域的黑人脖子上时又衍生出了其他的含义或象征。

此时出现的问题是具有开放性的，即是否那个当地人也处于第三空间，或者为何只有马洛属于第三空间。巴巴认为这名土著是“陷在语言和行为的活生生的变化中的代理人（agent）”，但是不清楚的这是由叙述者（马洛）或是由巴巴认定的。可以明确的是，通过加卡卡法庭和毛织物的例子，巴巴重申了他对于第三空间的解释，它是介于肯定和反对之间的一个阈限性场所（a liminal site），不是一个解决问题的空间，而是一个持续协商的空间。巴巴解释说：“第三空间，在向历史经验的阈限性和关于其他民族、时代、语言与文本的文化表达的阈限性延伸的行动中，发出对自我极限的挑战。”

---

① 英格兰东部诺福克郡（Norfolk）的一个古老的村庄，距离伦敦约 200 公里。中世纪时村里就开始手工织造羊毛，村子的名字就来源于这里生产的布料——Worsted。作为英格兰海外贸易的重要商品之一，Worsted 这种温暖的、有韧劲的羊毛布料一度名满天下。在此书中，当地土著黑人的脖子上就系着一条 worsted。作为纺织业和贸易集镇这里繁荣了 500 多年，在 19 世纪末手工织造业因动力驱动的织布机的出现逐渐衰落。——译者注

巴巴重申了他对于第三空间的解释，它是介于肯定和反对之间的一个阈限性场所，不是一个解决问题的空间，而是一个持续协商的空间。

有趣的是，巴巴在后来的写作中放弃了早期作品中高度理论化的、有些抽象的对第三空间的定义。正如最后两句引语所明确表示的，这一讨论是围绕历史和文学的特定事件展开的，这些事件揭示了清晰的人的维度。可以说巴巴是回溯式地推进了第三空间的概念化，或者说他现在可以根据“第三性”（thirdness）的其他理论将他的一些原创性观点进行后合理化（post-rationaliase）了。

第三空间与建筑 96

事实上，研究第三空间的学者，如爱德华·索加，认为这个术语的灵感源自亨利·列斐伏尔的著作《空间的生产》（*The Production of Space*）。作为一个地理学家，索加的主要兴趣是突破第一和第二空间之间的二元论的限制。第一空间一般被理解为直接空间体验的各种形式，就是能够利用制图方法进行度量和表示的空间。第二空间，从某种角度上来说“指的是空间的表述，像建造模式那样的认知过程，以促进地理图像的生成”（索加 2009：51）。索加认为地理学的认知一直受到二元限制论的影响，直到 1990 年列斐伏尔的作品被首次翻译成英文才有所缓和。

简而言之，列斐伏尔提出空间是在三个相互关联的过程中产生的：空间实践，空间的表现，以及表现的空间（spatial practice，representations of space and representational spaces）。为证明该命题，列斐伏尔为"三位一体"（trialectical）的空间思想构建了基础，即一个可以构想空间的方式。该方式不仅包括抽象的品质（尺寸、坐标等）还包括历史和社会的维度。这就是为什么索加推崇第三空间的观点，并将其作为他的作品的主要理论基础的原因，实际上他有一部著作即是以第三空间为题的。对索加来说：

> 第三空间的概念提供了关于空间的意义和重要性的不同思考，以及那些构成人类生活固有的空间性的相关概念：场所位置，区位，景观，环境，住房，城市，地区，地域和地貌。
>
> （索加 2009：50 和 1996：1）

与格洛丽亚·阿扎尔杜阿[①]、爱德华·萨义德以及斯皮瓦克等其他后殖民理论家的观点相似，索加也引用了巴巴第三空间的概念以解决当代城市中少数人群和移民群体的文化生产、空间占用与创造模式的问题。但是索加没有对巴巴的作
97 品，或者上述其他后殖民理论家的作品进行评论，但这种评论可能是必要的，至少会解释他是如何将他们的观点用于自己的研究的。索加广泛地引述他们的观点，但是却没有做出自己的解释。相反，他用热情的肯定来嘲弄他的读者，比如他说第三空间是"一个种族、阶级和性别问题可以同时被解决的空间，而不会有一方凌驾于他者之上"（索加 2009：50）。尽管在某种程度上索加和巴巴存在密切联系，但索加

---

① Gloria Azaldúa（1942—2004 年），美国学者、诗人、活动家、理论家及教师，女权主义者，齐卡诺运动（参见后页译者注）的领导力量。最著名的作品《边陲之地——新的混血儿》（*Borderlands/La Frontera: The New Mestiza*）根据她自己在邻近墨西哥边境的美国得克萨斯州出生、成长的生活经历写成。她的写作融合了各种风格、文化与语言，是诗、散文、理论学说、个人传记与体验性叙事的交织。——译者注

并未推进相关研究。他描述了一群在美国的少数人群的艺术家和理论家的工作，这暗示了其他少数人群作为研究展示的可能，例如齐卡诺运动[①]，也有可能是第三空间的一个案例。索加正确地指出第三空间的概念为解决少数人群的问题提供了机会，但是他似乎只能通过艺术家及其他理论家的工作来达成这一点，也因此，有些脱离了他们这些人所代表的少数种族和文化。

为了弥补索加在研究少数人群文化生产方面的不足，关注焦点的改变是有必要的。不是去关注艺术家和理论家的工作，他们在国际文化交流的等级结构中本就占有特权地位，而是应该更多地关注那些身处当代文化和城市的角落与夹缝中的普通人的文化生产。世界范围内，没有什么能比当代城市中的贫民窟更能准确且清楚地指明那些安置少数人群的地方。这些似乎看不到尽头的居民区和棚户区正是第三空间的具体化的形象，在这些地方文化意义最有可能被不断地重构。坦率地说，就这些空间提出当代世界秩序的确定性与标准是不恰当的。事实上，穷人所在的第三空间超出了东方和西方、边缘和中心、第三世界和第一世界的二元论范畴。我在这里指的是城市中大量被遗弃的区域和住房，它们被擅自占用或被黑帮、青少年占据，像英国的利物浦，或者卡特里娜飓风过后新奥尔良的临时安置点的戏剧化合并。此外还包括那些非洲、拉丁美洲和印度超过一半的城市人口居住的城市外围的大型居民点。

① 1960—1970年代，大量墨西哥裔美国人在美国各地聚集以争取社会与政治改变，此即齐卡诺运动（Chicano Movement）。齐卡诺人是生活在美国的墨西哥人。此处的Chicanismo，指齐卡诺运动背后所反映的意识形态，这场社会运动是由知识分子、有影响力的活动家、艺术家发起的，其目的在谋求墨西哥裔美国人的自由，并在齐卡诺社群内建立自我身份认同。——译者注

98 坦率地说，就这些空间提出当代世界秩序的确定性与标准是不恰当的。

这些是来自不同文化的人彼此相遇与不同的经济共同发展的空间，在这里，我们对于“城市”的理解，它的意义，被证明不足以包容各种不同甚至相悖的生活方式和空间性（spaciality）。更不用说，那些无论过去还是现在都明显分布不均衡的空间。它们在与正规、主导和强权的城市的关系中的位置难以确定，既是城市的组成部分，又被排除在外（比如巴西利亚、加拉加斯和内罗毕）。当然，在这些实例中贫民窟体现了人民的创造力，他们创造知识和文化表达的新形式的能力，以便适应未给穷人保留一席之地的城市生活和全球化市场经济的种种需要。这就是第三空间这一概念的语境，它可以促进建筑理论的发展。巴巴对第三空间的理论化提供了一种书写的可能性并在建筑上加以证实，人们作为自己的居住空间的制造者的行为，正是世界范围内持续不断的城市重塑的真正代理人。

第 6 章

教导性与演现性

与混杂性这个频繁出现于建筑历史与理论中的术语不同，巴巴在民族批判研究中使用的“教导性”（pedagogical）和“演现性”（performative）这两个术语并没有在当下的建筑讨论中引起重大的反响。不过，与混杂性和第三空间不同的是，教导性和演现性为那些重要但未获得相应重视的建筑研究方向提供了充足的机会。这些方向如殖民地城市历史化的方式，以及世界各地的城市中非正式建筑（贫民窟、棚户区等）——这些已经或尚未被建筑师和历史学家们加以研究的主题。这仅仅是当代建筑中受益于巴巴教导性和演现性理论的许多专题领域中的两个实例。

在解释巴巴关于民族的批判研究和他所选择的专业术语的含义之前，对这两个概念、文化差异和民族自身的观念进行详细说明是非常重要的。文化差异在巴巴看来是一个战略上的概念。在此我要做一简单的介绍，尤其是这个词会在书中反复出现，但其实到目前为止，我仍然无法为它提供一个确切的解释。我会在最后对此进行说明，因为它是一个强有力的工具，促成了从殖民主义的历史焦点（如前章所述）到今天对当代文化及文化互动特殊性的分析的转化。除此之外，文化差异也是巴巴关于民族的批判研究中的一个关键性概念，在人权理论中同样重要。解释文化差异之后，我将继续回顾由历史学家们提出的民族这个概念，这些历史学家包括影响了巴巴的埃里克·霍布斯鲍姆[①]和本尼迪克特·安德森。他们100 的研究促进了我们对于作为一种政治构造物的民族的理解，同时解释了为何巴巴对民族这个概念的批判如此尖锐。在文化差异概念的解释和现代民族概念的回顾之后，我们将再来分析巴巴民族批判的研究，以及教导性和演现性术语在其中的含义。

巴巴通过“教导性”和“演现性”这两个术语阐明的无可挽回的冲突为当代建筑的研究提供了肥沃的土壤，无论是在殖民地国家还是其他地方。他对国家的同质性及其将历史视为线性结构的依赖性提出质疑，其质疑的模式为审视建筑的“史实性”叙事结构和建筑中国家身份认同的观念提供了契机。本章的最后将说明巴巴的批评研究如何为建筑历史、理论和专业实践的发展做出贡献。我将分别针对上述每一个领域——历史、理论和专业实践，分析位于世界上三个不同地方的三个具体案例。希望通过分析能够证明巴巴对支

---

① Eric Hobsbawm（1917—2012 年），英国历史学家，主要研究工业资本主义、社会主义与民族主义的兴起。最著名的作品是研究他所称的“漫长的 19 世纪”（long 19th century）的欧洲历史三部曲《革命时代：1789—1848 年》（*The Age of Revolution*：*1789—1848*，1962 年）、《资本时代：1848—1875 年》（*The Age of Capital*：*1848—1875*，1975 年）、《帝国时代：1875—1914 年》（*The Age of Empire*：*1875—1914*，1987 年），以及研究“短暂”的 20 世纪的《极端时代：1914—1991 年的世界史》（*The Age of Extremes*：*A History of the World*，*1914—1991*，1994 年），被称为霍布斯鲍姆的时代四部曲（均有中译本）。霍氏提出了“被发明的传统”这一很有影响力的观点。1998 年获得荣誉骑士勋章（Order of the Companions of Honour，1917 年设立，旨在奖励英联邦国家在艺术、文学、音乐、科学、政治……领域内获得杰出成就的人物）。1970 年代开始在伦敦大学伯克贝克学院（Birkbeck，University of London）任经济史与社会史教授。霍氏的其他著作还包括《原始人的反叛》（*Primitive Rebels*，1959 年）、《工业与帝国》（*Industry and Empire*，1968 年）、《如何改变世界：马克思与马克思主义的传说》（*How to Change the World*：*Tales of Marx and Marxism*，2011 年）、《断裂的时代：20 世纪的文化与社会》（*Fractured Times*：*Culture and Society in the Twentieth Century*，2013 年，文集）。——译者注

撑现代民族概念的原则的批判是能够被借用，以推进对作为一种教导性叙事的建筑学的拷问，这种教导性叙事产生的基础是线性的历史，它将遍布世界的当代建筑产品同欧洲的过去——希腊的、罗马的、中世纪的、文艺复兴的、巴洛克的、现代主义的……连接起来。

文化差异和少数族的代理者

文化差异是巴巴最具影响力和政治性的概念。巴巴引入了“文化差异”的概念与“文化多样性”进行对比，他发现“文化多样性”这一术语有误导而且带有贬义。在巴巴看来，文化多样性属于西方的自由主义传统，那就是将个体的自由和人类的权利与平等一同作为社会的基础。因此，西方的自由主义不仅承认文化是多样的，还倡导将多样文化的 101
共存作为国家社会发展的组成部分。但是，巴巴认为既然文化多样性在大多数的自由民主社会中是被鼓励的，那么就应该具有与真正的多样性相应的内容。其物质层面的内容有两种形式：在国家的空间界域内限定其他文化的存在，或者整合各个文化。第一种形式指的是这样一个事实，在国家的范畴内“其他”文化只有符合主流社会为他们的互动所建立的标准时才被允许存在。如巴巴所言，“那些其他文化是好的，但是我们（主流社会）必须能够把它们定位在我们的网格（grid，规则）中。”（巴巴 1990：208）在实践方面，该内容以别的方式实现，如签证制度和工作许可、语言要求和国籍检查，或者成立同化委员会。这些步骤允许主流社会所决定的多文化共存体系中“差异”的定位和分类。所以，文化多样性属于一种文化的阶层分化的修辞，尽管它假装不是，其目的仍然在于强化一个国家的理想化版本的一致性，如同均质的网格。这个“网格”是一个选择巧妙的术语，因为它是一个理性的系统。正因为如此，它假定了文化的合理性，以便能够融入另一个系统（主体文化）中，这个系统也被抽象出来以允许它们的相互作用。故而巴巴认为“文化多样性是认识论的对象——文化则作为经验知识的对象”（巴巴 1994：34）。这一论断为我们带来了第二种形式——文化的整体化（totalisation），由于文化多样性要以我们先前解释文化的方式发挥作用，因此这些文化需要被设想为完整均质的实体，如中国的、印度的、西班牙的。

文化多样的概念造成了巴巴对 musée imaginaire 的宣战，在那里文化能够被欣赏、利用，并在地理上和历史上被定位，如同它们处在博物馆中一样。在此语境中，musée imaginaire 的英文释义是虚拟博物馆或想象的博物馆，指的是 19 世纪（和 20 世纪早期）欧洲的博物馆关于展出外
102 国展品的讨论（大部分来自殖民地）。这些展品中很多并不是为了满足审美需求而被创造出来的，只是为了日常的使用，它们是餐具、工具或宗教造像等。由此，这些外国展品，这些源自其他文化的“原始”物品通过博物馆进入了西方的“网格”。通过这种方式，西方使其殖民扩张的历史得以合理化并将殖民地的历史写进自己的历史中。经过这个讨论巴巴提出，文化多样性可以促进，并有益于全球市场的文化商品化——而这恰是另一种形式的控制，因为只有富人才能买得起它们。

巴巴继续讨论了一个与当今密切相关的问题：种族主义。他强调说“在倡导多元文化的社会里，各种形式的种族主义依然猖獗”（巴巴 1990：208）。种族主义和排外情绪源于主流社会对于其他民族进入其国家的空间界域而使

主体社会失去他们的“国家的”身份认同以及可能会破坏他们的福利甚至国家安全的担心，于是他们将这些人视作威胁。换个角度，威胁自身转变成为一种对不同种族的攻击（种族主义）或对外国人的普遍攻击（仇外）。巴巴由此推断，“文化多样性也是关于被整体化文化分离的激进修辞的代表，而这些被整体化的文化没有受到其历史定位的互文性污染，在独一无二的集体身份认同的、被神话了的记忆的乌托邦中是安全的”（巴巴 1994：34）。如果要解读这段话，只需要厘清两个概念：“未受互文性玷污的”和“神话记忆的乌托邦”。前者是将文化作为认识论的对象（被整体化的）和分离的，所以它们能够在与其他文化的相互作用（互文性）中保持独立不受污染（未受玷污的），像中国的、印度的和西班牙的那些文化就保持着纯粹与独特；而后者，聚焦于作为理想化概念的文化本身，而这种理想化文化的纯粹和同质在忽略和否认差异的历史版本中才能找到，就如麦考利关于英国文化的表述（见第 4 章）。

相反，巴巴的文化差异概念并没有为了在特定的地理 -
政治框架（或网格）内使各文化的相互作用合理化而去对它 103
们进行整体化。恰恰是文化差异揭示了差异是所有文化的固有部分这一事实，没有哪个文化是同质的而不是异质的。与文化多样性和文化多元理论不同，文化差异并不是指“在国家群体的同质真空时间内两极化及多元化的自由发挥”（巴巴 1994：162）。

巴巴的文化差异概念并没有为了在特定的地理 - 政治框架（或网格）内使各文化的相互作用合理化而去对它们加以整体化。

反之，巴巴坚持认为“文化差异的问题使我们面对的是彼此相依地存在的知识的倾向或实践的分布……指定了一种协调而非否认社会冲突与对抗的形式”（巴巴 1994：192）。所以，文化差异的概念还为文化场所竞争的清晰表达和持续协商给出了建议策略。巴巴将文化变成文化自己进行建构的永恒过程，而不是将事物整体化的过程。简而言之，由于文化的形成和出现是来自对立立场的持续表达，因此可以肯定它们总是不完整的——也正因如此，巴巴希望我们不要将文化看作是一个给定的内容或者一个必然性的符号，而要将文化理解为一个过程。至于对于中国的、印度的和西班牙的（文化），则再不能在“国旗”的界限中理解，而要通过那些国旗所代表的不同“国家”之间相互冲突的历史来理解。所以，巴巴认为，文化差异的概念开启了文化论证的空间——给予那些存在经受着国家的官方概念化管制的少数人群以位置。少数人群不仅包括种族群体（通常是外国人），还包括妇女、经济移民、流放者、男同性恋者和女同性恋者，以及穷人。而穷人在关于少数人群的讨论中常常被忽略，更不用说在建筑研究中他们的地位非常不稳定。原因之一是他们往往超出了不同少数人群之间的界限，甚至有些还渗透到了主体文化中。换句话说，穷人并非只是移民、其他种族的人、妇女，男同性恋者和女同性恋者，同时也会是白人、西方生
104 人，常常还有基督徒。作为社会分类之一的“穷人”与其他少数人群相比，其流动性更能破坏作为合理的、集体控制的社会政治系统的国家的凝聚力。因此，穷人是文化差异存在的主要例证，它影响到国家各方面的持续发展，如文化、政治、种族等。由此可以理解为何文化差异是巴巴最具影响力和政治性的概念，以及其为何是巴巴的现代国家批评研究的中心内容。

关于国家和民族主义的观点

国家，作为社会政治与行政管理的结构是一个相对新兴的历史概念。

人们一般都倾向于认为我们今天所知的“国家”已存在多个世纪。但是，从历史角度来看并非如此。国家，作为社会政治与行政管理的结构是一个相对新兴的历史概念。事实上，它是启蒙运动的产物，很大程度上也是殖民主义的产物。民族国家的起源可以追溯到古典主义时期和中世纪的帝国消亡，也可以追溯到行政管理城邦形式的废弃。民族国家在历史上出现的确切时间是文艺复兴晚期，当代学者称这一阶段为“现代早期”（early modern）。但是埃里克·霍布斯鲍姆和本尼迪克特·安德森注意到民族主义和民族主义者的意识形态及运动的势头在 19 世纪才产生，现有的大多数欧洲国家就是在这一时期形成的。霍布斯鲍姆在《帝国时代：1875-1914》（*The Age of Empire 1875—1914*）一书中就此时期（1875—1914 年）国家和民族主义的发展给出了引人关注的看法。这两个术语彼此无法分割，因为国家是民族主义运动的愿望实现的结果，其利益代表了定居在特定地域内、同根同源（就种族和历史来说）、语言相同的民众的利益。这就是民族语言学对我们所熟悉的“国家”这一概念的定义。然而，
霍氏解释道，直到 18 世纪初期，大多数社会仍是农业社会， 105
人们和其居住的土地之间存在着不同的关系。农耕和其他与土地相关的劳作是霍布斯鲍姆所说的“彼此之间有着**真实**社会关系的人类**真实**共同体”（community）的基础（霍布斯鲍姆 1987：148）。直至 20 世纪末，工业化的快速发展才使农业的生产和消费方式产生了巨大的变化。殖民地和其他欧洲帝

国的国际贸易网络的巩固也为行政管理带来了很大压力，这些意外的事情需要不同的管理方法。由于人们可以归属不同领主（政治、宗教、语言等），中世纪时，不严密也不精确的领土权已经不再适用，于是与之相应的封建土地制度也逐渐瓦解。随着农业共同体的衰落，霍布斯鲍姆指出，“民族主义及其发展已经超越（并取代）了家族联系、邻里关系和土地权限，成为衡量土地规模和人口数量的隐性标准”（霍布斯鲍姆 1987：148）。通过隐喻，巴巴在他关于国家的讨论中自然而然地借用了这一术语，而霍布斯鲍姆认为是国家将社群转换为民族国家这一政治结构。这也是霍布斯鲍姆将国家视为想象的共同体的原因，它填补了“真实的”社群衰落后留下空白。国家是想象的，因为“它在千百万人，在今天甚至是几亿人之间建立了某种关联”（霍布斯鲍姆 1987：148），而他们甚至并不知道彼此的存在，也未曾听说过对方，而且永远如此。

国家是想象的，因为“它在千百万人，在今天甚至是几亿人之间建立了某种关联”（霍布斯鲍姆 1987：148），而他们甚至并不知道彼此的存在，也未曾听说过对方，而且永远如此。

为真正地建立国家，教育民众就是必要的，要教导他们如何成为好的公民和市民。教育成为推进民族主义和巩固民
106 族国家的基本手段。反过来，国民教育就需要一种指示性的语言，于是，“教育同法院、政府机构结合起来，使语言成为国家（民族，nationality）的一个基本条件”（霍布斯鲍姆 1987：150）。那么，为了国家的行政管理，教育就成了一种对公民的语言与文化进行同质化的手段。同时，同质化导致某些群体或个人被排斥在外，比如不愿意服从的人和“不能”被接受为成员的人。“简言之，”霍布斯鲍姆认为，民族国家“有

助于定义被官方国籍排除在外的国民，通过把那些无论出于什么原因抵制官方公共语言与意识形态的社群分离出去”（霍布斯鲍姆 1987：150–151）。这表明了用于构建民族国家的矛盾策略与巴巴所认定的殖民权威构建过程中的包容和排斥过程是相符的，这也是巴巴将现代国家也纳入他国家批评中的原因（详见第 4 章）。同巴巴一样，霍布斯鲍姆也讨论了殖民者出于（私人的和公共的）行政管理的目的，用宗主国的语言和文化来教育殖民对象但是又不给予平等对待的矛盾。“殖民地居民是一个极端的例证”，霍布斯鲍姆说：

> 从一开始就显而易见的是，资本主义社会的种族歧视普遍存在，无法将深肤色的黑人变成纯正的英国人、比利时人或荷兰人，即使他们拥有巨额财富、贵族血统以及和欧洲贵族相同的运动爱好也无法做到，在英国受教育的印度贵族就是典型的例子。
>
> （霍布斯鲍姆 1987：152）

种族歧视正是民族主义话语的内在矛盾，其目的在于通过语言和种族划分来形成同质的社会。正如霍布斯鲍姆所言，与真实的共同体不同，现代民族国家可以看作是一个主要为了便于政府管理和促进经济发展而建立的人为结构。由于这个原因，国家是一个在文化上不稳定、在事实上是矛盾的组织：在国家的神话里，聚集了不同的群体，这些人并不完全符合“国家”这个同质化的能指（比如种族、社会阶层，还 107
有宗教信仰、性别……）。

尽管霍布斯鲍姆认为国家是想象的共同体，但是这个概念与《想象的共同体：对民族主义的起源与传布的反思》（*Imagined Communities: Reflections of the Origins and Spread of Nationalism*）一书的作者本尼迪克特·安德森有着更普遍的关联。在书中，安德森将国家定义为“一个存在于想象中的政治共同体”(安德森 2006:6)。霍布斯鲍姆使用“想象的”一词多少有些试验性——也就是说，这是相对于现实中的共同体而言的，也是为了强调给“国家”这个概念下定义的难度。而安德森与霍氏不同，他对这个词的使用更为精确。对他来说，国家并不是与其他某类“真实的”或“纯粹的”共同体的相对应的存在。国家始终是一个想象的共同体，这里存在着不同的构想或者想象的形式。依照他的观点，除了将国家看作是一个人为的、抽象的建构之外别无他法，因而国家也是想象出来的社会共存的形式。这并不是说国家没有以多样的物化形式出现，比如国家宪法、国家法律、国家文件、纪念物、书籍、地图，还有更具体实在的，国家之间的界墙、障碍等等都是它的物化形式。因此，在想象的国家和它在我们面前显现出来的方式之间就有了差别：一个是抽象的（无形的），一个是具体的、独有的。国家建构中的内在矛盾（对人的包容 / 排斥，抽象的、无所不包的国家概念同国家的具体表达形式的确定性的对比）激发了巴巴的批评，不是针对国家主义的批判，而是对国家和民族主义的叙事中民众被书写方式的批判。确实在事实上，安德森发展了他在“人类学的精神”
108 （*an anthropological spirit*）一文中对国家是想象共同体的定义，这与巴巴的批判不谋而合，因为正是共同体的民众本身与想象的表面上的凝聚力相抵触。换句话说，在巴巴看来，“想象”这个词消弭了组成国家共同体的民众的矛盾和复杂的历史经历。

……在巴巴看来，“想象”这个词消弭了组成国家共同体的民众的矛盾和复杂的历史经历。

巴巴对国家的批判

在《传播:时间、叙事和现代国家的边缘》(*DissemiNation: Time, Narrative and the Margins of the Modern Nation*) 一文中巴巴指出，国家是一种人为的建构和叙事，它消除了文化的差异，并试图将民众作为一个同质体来表示。此文最早发表在巴巴的专辑《国家与叙事》(*Nation and Narration*, 1990 年) 中，后收录于《文化的定位》(1994 年)。《国家和叙事》一书的标题清楚地表明了巴巴在理论上处理国家问题的方法: 国家作为一个叙事结构，有助于国家身份认同的建构; 一种能使我们所有人理解国家身份认同的叙事。其实巴巴经常谈及"书写国家的行为"，这是因为国家其实主要是通过书写而被呈现为一个文化结构的。何塞·埃尔南德斯[①] 创作的阿根廷史诗《加乌乔人马丁·费耶罗》是我即刻就想起的一个例子。诗中讲述了马丁·费耶罗的故事，他是一个贫困的加乌乔人[②]，逃离了军队，过着被民兵组织迫害、被当地人猜忌的痛苦生活。主人公在欧洲人和当地人的文化、法律和传统的夹缝之间生存。实际上加乌乔人是一个混血民族，是西班牙裔拉丁美洲人 (出生在拉丁美洲的西班牙和葡萄牙人) 或拉丁民族与印第安民族的混血 (欧洲人和印第安土著的混血) 后裔。所以，加乌乔人代表着现代

---

① José Hernández (1834—1886 年)，阿根廷诗人，以描写加乌乔人 (Gaucho) 的诗作闻名。1872 年出版了《加乌乔人马丁·费耶罗》(*The Gaucho Martin Fierro*)，作品描写了一个受迫害的加乌乔人的生活。1879 年出版了该诗的第二部《马丁·费耶罗的回归》(*The Return of Martín Fierro*)。——译者注

② 加乌乔人，马背上的民族，游牧在阿根廷和乌拉圭的草原上，18 世纪中叶至 19 世纪中叶逐渐具有了像美洲西北部牛仔那样的民间英雄色彩。以加乌乔人自己的民谣和传说故事为根基逐渐发展出了加乌乔文学并成为阿根廷文化传统的一个重要组成部分。19 世纪晚期，阿根廷作家们也开始赞美加乌乔人并以其为创作主题，何塞·埃尔南德斯的诗作即是其中的代表。——译者注

阿根廷文化的现实，那就是既不同于欧洲文化也不同于本土文化。加乌乔人在阿根廷独立战争中扮演了重要的角色，在国家历史中写下了非常重要的一笔。马丁·费耶罗的故事突出了加乌乔人对阿根廷的发展、对当代国家的集体身份认同的贡献。另一个广为人知的例子是电影《勇敢的心》(*Braveheart*,
109 1995 年)，讲述了苏格兰民族英雄威廉姆·华莱士(William Wallace)在苏格兰第一次独立战争中抗击英格兰的传奇故事。即使电影是近代拍摄的，但苏格兰人民维护种族(以及他们的语言)且令人鼓舞的勇气着实唤起了广泛的民族主义热情。另一种民族叙事可以在欧仁·德拉克罗瓦(Eugène Delacroix)的油画《自由引导人民》(*Liberty Leading the People*, 1830 年)中找到，画中描绘的半裸的女神玛丽安(法国形象的代表)右手高举法国国旗、左手提着机枪。玛丽安的形象在整幅画的中心位置，其后跟随着一群不同年龄、不同社会阶层的人们，他们共同为自由而战。德拉克罗瓦的画体现了革命的精神及座右铭：自由、平等、博爱。所有这些叙事再现了历史事件，有助于建立和加强国家的认同感和归属感。他们通过确认国家的种族(人种)、语言和地理特征将民众团结起来以有助于国家的叙事性建构，尽管人们彼此互不相识。

……人民不是国家的**代表**，而是**被**国家叙事**所代表**，此叙事有利于国家的内聚、繁荣和治理。

国家主义话语并不是巴巴关心的主要问题，他这篇文章的目的在于明确“以‘人民’和‘国家’名义运作的文化认同和话语处理的复杂策略，并使之成为一系列的社会与文学叙事的内在主题”(巴巴 1994: 140)。关于“以人民和国家的名义运作”的表达包含了理解巴巴研究焦点的重要线索，其表明了文化认同和话语处理策略对人民和国家来说都是外在的。它们代表人民和国家行事，成为（关于国家的）社会和文学叙事中无处不在的主题。因此，不是人民作为国家的组成部分代表他们自己，而是叙事既代表人民也代表他们所组成的国家。换句话说，人民不是国家的**代表**，而是**被**国家叙事**所代表**，此叙事有利于国家的内聚、繁荣和治理。第二 110
个重要线索存在于巴巴简化“人民”和“国家”的方法。这样做时巴巴强调了他对整体化或者说以整体代表内在异质的个体——人民与国家——的不适。

在理论上给巴巴造成很大困扰的是对历史的依赖，或者如他所说的是“由国家这一概念和支撑它的叙事所唤起的历史的必然”：

> **我**的重点是这些政治标题（“人民”和“国家”）书写中的时间性维度——也是文化身份的有力象征和重要来源——取代了历史主义，也主导了关于国家是一种文化力量的讨论。历史主义所提出的事件与观念的线性相等，通常是指作为实证社会学类型的或整体化的文化实体的一个人、一个国家或一种国家文化。
>
> （巴巴 1994：140）

巴巴针对的不是历史本身，而是历史主义，历史的概念是无穷尽的一系列事件的累积，这些事件既取决于社会的存在和社会中所有的社会活动（艺术、科学、哲学、建筑学，等等），也是被它们的历史所定义的。这个历史主义的观点同德国哲学家乔治·W·F·黑格尔（Georg W. F. Hegel）十分接近。黑格尔将人类的进步解释为一个历史的循环过程，一个因果的线性发展。因此，他的哲学方法被称为“辩证法”

（dialectic）。巴巴提出的事件与观念的等价无疑是参考了黑格尔派的辨证历史主义及其相关的批判。对巴巴而言，对历史如此这般的解释将国家及其社会（人民）还有文化归结为实证的范畴或者整体化的（如前述）事物。他认为，国家同质化的主张只有在这样一种还原的（reductive）历史主义的基础上才站得住脚。一个合适的例证就是麦考利对英语的描述，英语的起源可以追溯至古希腊，这样它就掩藏了其内在的所有差异（详见第 2、4 章）。麦考利的例子表明了一种叙
111 事是如何在过去和国家现状理想化的想象中达成一致的。巴巴的主要观点是，这种叙事上的一致通常是人为的和历史的产物，服务于消除差异以达到保证国家社会政治稳定的目的。更重要的是从后殖民视角，这样的历史主义模式（线性的、同质的、平和的）遮掩甚至否认了殖民宗主国的暴力现实；事实需要被揭示，因为作为政治管理形式的国家同殖民主义密不可分，即出于国际贸易、便于管理和建立文化优势地位的需要去管理欧洲属下的国外领地的民众。

本尼迪克特·安德森发现，国家这个历史上相对较新的事物（既作为一个概念也作为一个政治实体）与历史主义话语赋予它的古老之间存在固有的矛盾，巴巴问道，“如何将国家的现代性描写为日常事件和新时代的来临？”（巴巴 1994：141）。巴巴的问题表达出了通过我们所拥有的不一致的当代经验去构想国家这个过程中的矛盾，同时思考着国家历史主义所传达的确定性。简而言之，该问题所指的是这样一个悖论，沿着东伦敦的布里克巷①步行，你会看到，街

① Brick Lane，in East London，被看作是积极的、有活力的多元化的代表，广受伦敦的前卫人群、艺术家群体的欢迎。这里是伦敦不断变化的种族格局的一个缩影，沿街有画廊、餐馆、市场，一年当中还有各种节日活动。以前周围区域曾经是贫民窟和开膛手杰克（Jack the Ripper）的犯罪现场。——译者注

上的路标是各种语言的，陈列的商品来自很多个国家，数不清的不同种族背景的人，一边讲着数量多得不可思议的各种语言，一边吃着印度马萨拉咖喱烤鸡（chicken tikka masala）配法国红酒；要是依照麦考利的说法，应该要问问这些人他们是否确定是在同一个英格兰——那个毋庸置疑地源自古典希腊的英格兰。

巴巴的问题表达出了通过我们所拥有的不一致的当代经验去构想国家这个过程中的矛盾，同时思考着国家的历史主义所传达的确定性。

国家这一新事物被认为是古老的，这两者之间的矛盾，或者用巴巴的话说日常事件和新时代的来临之间的矛盾，被他称之为“国家－空间矛盾的时间性”：两个国家的时代的同时性也似乎相互矛盾。巴巴说，“正是这一对国家或民族所代表的‘双重与分裂’的时间的理解，引发我们去质疑与国家想象共同体相关联的同质且水平的视角”（巴巴 1994：144）。这里的同质指的是共同体成员之间的相似性（种族、语言、宗教的相似性），而水平视角意指在国家中人与人之间不存在等级差异。显然，事实并非如此，于是巴巴提出，整体性的国家主义叙事和社会内聚力模糊了国民真实与片段的历史，他们总是在“双重”时间中被构思和书写（conceived and inscribed）： 112

由此我们便有了一个有争议的概念范围，在这个范围内，国民必须在“双重”时间中被考量；民众是国民教育中历史性的“客体”，以前赋予他们的话语权是建立在给定的或是过去的历史根源的基础之上的。民众也是意义

> 过程的“主体”，此过程必须消除先前或最初的国民的存在以显示当代人强大且富有活力原则：一个存在符号，由此，国家的生命作为一个再生的过程得以恢复和迭代。
>
> （巴巴 1994：145）

鉴于此巴巴将研究重点移至作为国家构成或标志的民众上。我们刚才提及的矛盾变得显而易见，事实上人既是历史性国家叙事的客体又是富有生命力的多元文化的主体。居住在广阔的阿根廷南美大草原上的加乌乔人或白人、讲盖尔语的勇敢的苏格兰人，或追求改革和自由的法国人，他们都是“多元文化”的形象，展示了全球化经济形势下现代国家的活力、繁荣与自由。在这些案例中，人是国家话语——过去形成的权威——的历史性客体，同时也是当下自由的、有文化活力的、
113 有远见的国家的主体。内在的同质性与多元化的、动态的体验是不相符的，因此巴巴说，人必须在双重时间中被考量。

<u>教导性突出国家的历史（预先给定的，过去的），而演现性重视“同时代的个人”所代表的当下。</u>

为了更好地阐明该论点，巴巴提出了国家的两个时间性（temporalities）的说法：教导性和演现性。教导性和演现性被称为时间性特征而非维度或层次上的特征是因为它们与上文所提到的不同时间点（moment）相关：过去和现在。教导性突出国家的历史（预先给定的，过去的），而演现性重视“同时代的个人”所代表的当下。巴巴提出的人的双重书写作为过去和现在的标志，在国家叙事的生产中创造了“教导性的持续、累积的暂时性和演现性的重复循环策略之间的分离”（巴巴 1994：145）。让我们来解释

一下，教导性的时间性与国家的历史性和自我生成的官方计划相符，按照时间发展的线性历史出现在学校的课堂上，出现在每个国家的民族语言中，伴随着对国家边界在地理上的理解，法律、英雄、传统，等等——在课本甚至是虚构作品中代表着国家，就像前述的三个例子（《加乌乔人马丁·费耶罗》《勇敢的心》和《自由引导人民》）当中那样。简单说，教导性指所有用来灌输国家认同感和归属感的工具，以及使我们承认自己是想象共同体成员的手段；演现性的时间性将人民作为国家意义建构过程的代理人，使得国家叙事的同质化意图既不恰当又无法实现。因此，演现 114
的时间性可以理解为反官方的，或者用巴巴的话说，是“国家的反叙事，持续引起并消除它整体化的边界，无论是实质上的还是概念上的，并通过给予‘想象共同体’以基本的身份认同来干扰对意识形态的**操纵**（manoeuvres）”（巴巴 1994：149）。简单来说，演现性指的是一个人在日常生活中的全套行为（艺术的、商业的、政治的、宗教的……）。演现性可以被理解为文化差异的演出（巴巴用的是法语表达，mise en scène）。演现性的效果是反官方或对抗性的，因为国家的政治团结存在于对多元性（文化差异）的持久否定中，就是巴巴所说的，“对无可挽回的多元现代空间的焦虑被持续地替代”（巴巴 1994：149）。如前所述，利用演现的时间性，巴巴将他的关注点集中到国家的民众上，由此开启了一个隐藏的口袋，或者说是领域，一个允许在国家－空间中出现文化差异的领域。换句话说，演现的时间性使我们关注到那些被国家的教育叙事所掩盖的“国家文化的深处”：妇女、少数民族、青年文化、社会活动等等。巴巴认为这些少数群体“给历史变化的过程赋予了全新的、不同的含义”（巴巴 1990a:3）。

让我们再回到本章的开头所提到的文化差异的概念。我们说文化差异揭示了“没有一种文化是单一的，相反，都是多样的和多元的”。因此，这些“其他文化”不会出现在国家之外即其他国家之内，但是其内部是异质的。

> 这个问题不是简单的国家“自身”与其他国家的对立。我们所面对的国家内部的分裂明确地表达了其自身的异质性。被束缚的国家，与其自身相背离，成为一个有限的空间，其内部标识着各种少数群体的话语、族群竞争的异质历史、对抗的权威以及文化差异的紧张定位。
>
> （巴巴 1994：148）

115 这个问题不是简单的国家“自身”与其他国家的对立。我们所面对的国家内部的分裂明确地表达了其自身的异质性。

巴巴再一次取消了二元体系的首要地位，因为在这个体系中国家的“他者”是在其本身之外的（比如，英格兰的他者为法国）。相反，巴巴提出差异（或差异性）是国家文化的内在部分。然而，重要的不是将此理解为用内在的差异性替换外在的差异性，而是要将少数群体无差别地视作国家界域内的众多族群之一。通过突出国家的内部差异（内在的差异性），巴巴是要我们承认，国家中栖居着不同的群体，这些群体不仅表现出各自的差异而且不断地相互作用并重新协商它们之间的边界划分。他们在国家内的存在扰乱了原本构想（训导式）的同质性，并且阻碍了国家主义话语的发展：因为这使得文化地位 - 文化差异竞争的现状显而易见。

巴巴再次煞费苦心地开辟论争的空间，由此处入手质疑国家主义叙事的同质化意图。他的理论目标是使少数群体成为国家的选民，给予其在当下的国家叙事及永久的国家文化生产中的话语权，毕竟文化总是多元的。因此少数群体之间同样产生动态化的相互影响、竞争与活力，并暗示着国家和国家文化的稳固。用他的话说：

> 一旦国家空间的阈限性确立，即标志着差异由“外部”的边界转化为“内部”的界限，文化差异的威胁将不再只是“其他”人的问题。国家主体从具有文化当代性的 116
> 人类学视角来看是分裂的，并为非主流的声音和少数群体的话语提供了理论上的地位和叙事权威。他们不必向被预设为同层级与同质的“霸权”的准则去表述他们不同或是反对的策略。
>
> （巴巴 1994:150）

这并不是关于解决文化差异，消除等级和社会对立的乐观声明。巴巴曾提及国家具有阻止为权威或霸权发声的作用，但这并不意味着对权威的争夺将会停止。恰恰相反，教导性和演现性之间永无休止的矛盾冲突正是国家内部持续的叙事权威争夺的标志。文化差异的概念暗示了由持续的协商状态而非排挤状态构成的“差异政治”，协商通常是处理社会、文化和政治对抗的最有效方式，不过这也并不意味着它能够解决所有的问题（参见第 5 章）。

明确巴巴并非意在颠覆国家这一政治实体的概念也是非常重要的。他察觉到，当今的经济全球化赋予了国家作为最强有力的社会和政治组织的效力。不过尽管如此，巴巴仍从少数群体的角度提出了对国家的修正并同时考虑到殖民地人民先前的历史经验，这是因为巴巴认为现代国家不能与其早先的殖民历史相分离。事实上，在当今社会权利和财富分配不均的情况下，殖民主义得以巧妙地“隐藏”。

巴巴仍从少数群体的角度提出了对国家的修正并同时考虑到殖民地人民先前的历史经验……

117 对殖民城市历史中二元性的质疑

巴巴将教导性和演现性作为对抗并构成的现代国家的时间性的两个方面来讨论，它们是质疑那些形态发展被殖民政策所左右的城市进行历史化的方式的实用模型。如第3和第4章所述，非西方建筑常常被置入历史中进行研究和书写，这种研究和书写是以殖民前欧洲的二元对立体系，近来则是现代欧美与非西方建筑的二元对立体系为基础的。巴巴所倡导的二元体系的消解和文化差异的呈现，则为克服这样的对立提供了契机，更重要的，是为审视那些被忽视的其他群体对城市的持续重塑做出的贡献提供了契机。

……连同巴巴在内的建筑评论家都认为，分析的二元制方法用于研究由殖民主义严格控制的、规范发展的城市中所存在的复杂城市环境是非常不充分的。

的确，一些建筑批判家同巴巴一样都认为二元分析法对于那些形式发展严格受制于殖民政策的城市来说，不足以完全解决其复杂的都市环境问题。布伦达·杨[①]就是其中一位学者，

① Brenda S.A.Yeoh，新加坡国立大学教授，人文社会科学研究室主任，亚洲移民研究室的负责人。研究领域包括殖民和后殖民城市的空间政治、亚洲移民研究、性别研究、国家认同和公民身份问题、全球化的留学生潮问题以及文化政治研究等，并在这些领域发表了许多著作。代表作《竞争空间：殖民时期新加坡都市建成环境中的权力关系》(*Contesting Space: Power Relations in the Urban Built Environment of Colonial Singapore*，1996年)。——译者注

她在《竞争空间：殖民时期新加坡都市建成环境中的权力关系》中尖锐地批判殖民地城市研究的二元方法。她认为二元方法对殖民地城市形态的表述是不充分的，也是扭曲的，因为其同时忽视了殖民政策（殖民过程中的暴力）的力量和影响。她进一步强调，不能把被殖民彻底改变的城市形态特征同它们在殖民统治建立、系统化和维持过程中具有的中心功能分开理解。在 118
此，杨指的是殖民城市的秩序原则，由殖民者设计并建立，与欧洲人统治的等级社会的产物相一致。换句话说，就是城市的几何布局与规划者强加的理想社会秩序——或者如前文所言，与实现殖民者在殖民地重现自我的愿望（自恋的需求）相符合。这就是为何殖民地城市，不论是设计概念还是实践都需要被理解为是对殖民力量的肯定——一种殖民话语的迭代。殖民地城市的合理"形态"要为削弱殖民前"无定形的"建筑的价值服务，因为那些建筑被视为是落后的标志。

在确定殖民地城市的形态特征不能与其殖民统治中心的功能相分离之后，布伦达·杨提出了殖民地城市的三个特征。第一个是显著的多元性，殖民地城市容纳了"各种各样的人，包括殖民者、移民和原住民，他们在同一个社会矩阵中相互结合，重新形成了个体和集体之间支配与依赖的关系"（杨 1996：1）。我们还可以把奴隶、商贩、妓女和旅行者加到杨的清单中，他们都积极地参与到巩固殖民地城市及其经济的发展的过程中，而这即是他们的形式和社会-政治功能。而为了证明前述观点，杨断言，"这些社会群体来自差异较大的不同社会，各自有着根深蒂固的文化行为、民间传统和惯用实践"（杨 1996:1）。杨不仅确认了不同群体的存在，更重要的是她还肯定了他们对殖民地城市的形成的贡献。据此，杨更加确认在殖民政策影响下城市发展的历史不能使用社会或形态发展的二元体系来描述。

第二个特征，是殖民地城市的社会等级体系既不同于欧洲的阶级结构，也不同于殖民前的社会阶层体系。因而，杨赞同殖民政策会在所有相关群体的社会政治和文化结构中造成变化的观点。没有一个群体能还原殖民之前的状况，同时
119 也不能实现变成其他人的期望；殖民者无法达成在殖民地再现其自身的目标，被殖民者也从不会获得与殖民者相同的身份地位，他们都进入了混杂的过程，在此过程中，他们的相互作用越多，相互影响就会成倍地增加。当然，由于殖民经济的发展（即贸易、需求、消费、资本流动等等），参与其中的各个部分之间的相互作用无法停止，而混杂过程就更无休止。至于第三个特征，是不均衡分配的权利大部分集中于殖民者手中，继而导致了对权利持久的争夺。

因此，布伦达·杨认为城市是争议的势力范围。通过她对新加坡的历史材料、统计资料、法律和规划的细致分析，杨论证了，城市的社会政治、文化以及物理构造反映出那些以自身参与塑造城市形态的所有参与者（个人和集体）的持续权利争斗，即使这些参与者（如奴隶、原住民、妓女等）处于权利结构的底层也是如此。通过这一论证，杨反驳了东南亚或其他地方的殖民城市是欧洲独立统治下的产物的观点。布伦达·杨说：

> 殖民地城市的建成空间不是简单地由统治势力或强势群体所塑造，而是在冲突和协商的过程中不断地改变形态，这些冲突和协商的内容涉及统治的殖民机构与社会中“被殖民”的不同群体的政策和反抗对策。

她进一步解释道：

> 殖民城市的建成空间由控制的和反抗的场所组成，同

> 时进一步说明，一方面统治群体要确保概念上的控制和手段上的控制；另一方面，居于下属地位的群体则拒绝排他性的定义和策略，并提出他们自身的诉求。
>
> （杨 1996：313）

由此，在布伦达·杨看来，形态发展带有殖民烙印的城市空间的生产，是城市控制者与生活在城市中的、日常使用城市 120 的人们之间长久的冲突和协商过程的一部分。虽然杨并未直接提及巴巴，但显然她运用了后殖民的批判方法以对抗欧洲历史记录的单一性，在此记录中，殖民地城市是欧洲标准与非欧洲标准的二元性结果。总而言之，杨呼吁建立更适合的历史记录方式以解释前殖民地国家中所有与城市发展相关的部分。而且也正因为如此，杨提出的许多问题也适用于西方的城市，因为西方的城市也是多元的、复杂的、历史层积的。

当代城市演现的时间性

另有一个理论模型与巴巴两个国家时间性的概念惊人地相似，即 R·麦罗特拉[①]在其作品中提出的。麦罗特拉是一位建筑师兼理论家，他广泛研究了印度城市的发展问题。与杨进行的历史性的批判不同，麦罗特拉关注印度城市的当代状况和其他的发展中国家，不过他的研究也未将发达国家的案例完全拒之门外。由于直接受到巴巴的影响，麦罗特拉研究了建筑师设计的城市空间与民众使用的城市空间之间明显的对立。因此他提出，存在两种不同的空间，或是两种紧密

① Rahul Mehrotra（1959 年—），印度执业建筑师、城市设计师、教育家，RMA Mumbai + Boston（孟买 + 波士顿）建筑师事务所的三位创办人之一，美国哈佛大学设计研究生院的城市设计与规划教授（可参阅 https://www.gsd.harvard.edu/person/rahul-mehrotra/）。——译者注

地交织在一起的城市：静态（static）与活态（kinetic）。静态城市是由混凝土、砖、金属和木材这些耐久材料建造而成的，是依据教导性叙事（即建筑话语和城市立法）规划或设计的。

由于直接受到巴巴的影响，麦罗特拉研究了建筑师设计的城市空间与民众使用的城市空间之间明显的对立。

此类教导性的叙事不仅决定了城市的形象，也使城市井
121 然有序、高效且便于管理。正因如此麦罗特拉谈及建筑时认为“建筑是静态城市的奇观”。作为（历史的和现状的）权利和控制的象征，静态城市被认为是持久而稳定的。另一方面，活态城市则指静态城市的物理界限“内”人们行为的演现。为进一步阐明他的观点，麦罗特拉强调道路上的“游行、节日表演、街边小贩和居民构成了不断变化的街景，一个不断地处于动态当中的城市，而其物质构造本身也是由其动态的性质所决定的”（麦罗特拉 2009：xi）。麦罗特拉以孟买的维多利亚拱廊市集为例深入地阐释他的观点，此地的街边小贩将城市的历史地段用作允许他们的生意存在的自发的贸易集市。物质空间被穷人占用，他们（小贩、妓女和棚户居民）对拱廊的使用还有他们的演现给这个静态城市、维多利亚拱廊和孟买历史地段的建筑注入了巨大的活力。这些人的行为和拱廊的建设初衷是矛盾的。拱廊最初是为光顾道路两旁店铺的步行者遮风挡雨而设计的，现在却被与店铺竞争的小贩所占据，行人要通过必须穿过小贩的层层包围，有时甚至要走到大路上去，而路上同样充满着兜售、讨价还价和吆喝提供各种服务的声音，这一切都发生在文化的一片繁荣中。因此，这种活态，在建筑、经济和社会政治的每一个方面都重新诠

释了静态空间。与巴巴的演现式概念相同，麦罗特拉活态空间的概念将民众——这些创造性地利用空间的众多使用者展现出来，他指出，在起伏波动的印度经济中，市集对于穷困群体来说是一种生存的策略。在此基础上麦罗特拉断言，是活态城市而不是静态城市更加准确地代表了发展中国家的城市。确实，麦罗特拉对静态和活态的讨论反映出巴巴的兴趣在于突出民众的演现性，以及他们对国家文化和身份认同的

122 持续建设的参与。孟买的居民因占用拱廊的举动被认为是社会、文化和物质空间的创造者，这些空间代表了不同群体之间紧张的相互关系，以及在印度，还有其他许多发展中国家的城市中充满冲突的社会政治和经济现实。活态城市的概念可以与演现性概念相比较是因为两者都证明了当代城市是以民众话语、以他们竞争奋斗和异彩纷呈的现实为特征的，这些都将不可避免地影响全世界的城市的物质构造，而不仅仅是非西方国家的。

123 建筑与演现性

在本章的第二部分，我们已经检视了巴巴的理论所带来的可能性，以应对建筑的历史化和理论化的诸多问题。以布兰达·杨的研究为例，我们讨论了二元历史化方法的不适宜，因根据这一方法，殖民地城市的形态特征就是殖民之前的形式与欧洲形式的叠加。之后，我们将她的历史分析拓展至当代城市领域，例如孟买。杨和麦罗特拉的理论均表明，城市物质形态的塑造与文化、社会和政治的塑造相同，都是由多样的参与者所决定的，包括欧洲人和原住民，当然也包括奴隶、商贩、妇女、同性恋、妓女等（我想强调的是，少数族和文化差异的术语指的是种族之外的其他类别）。然而，对这一理论如何挑战了建筑设计方法却少有研究。为了解决这个复杂的问题，我将研究一个有趣的案例：ELEMENTAL 的工作，这是智利一家专门提供社会住房的公司。该项目未受到国际上的广泛关注，即使这一做法正在国际范围内迅速获得认可。在此先简单进行介绍。

由于处在这样一种四处邻接的位置，尽管 ELEMENTAL 以其建筑产品而闻名，却仍然很难适宜地、专属性地对其进行定位。

ELEMENTAL 是一家模糊了建筑研究、实践和学术之间边界的实践公司。其负责人亚力杭德罗·阿拉维纳[①]是一位任教于智利天主教大学建筑学院（the School of Architecture of the Universidad Catolica de Chile）的建筑师。实际上他们的办公室就位于学校的区域内，其实践项目也是大学、COPEC（智利石油公司 Compañía de Petróleos de Chile）和 ELEMENTAL 的创始人合作进行的。由于这样有趣的定位，ELEMENTAL 才能够持续开展针对智利城市中贫困人口居住现状的学术研究，并设计出既能够满足 124
他们的需要又符合当地经济状况和政府政策的住宅。因此，ELEMENTAL 非常精确地贴合了巴巴关于跨学科的定义：“文化知识的表达空间，是毗邻或附加的，无需是积累的、有目的或辩证的”（巴巴 1994:163）。由于处在这样一种四处邻接的位置，尽管 ELEMENTAL 以其建筑产品而闻名，却仍然很难适宜地、专属性地对其进行定位。

2001 年，ELEMENTAL 开始在一个政府机构管辖的框架下工作，为全智利的城市贫困社群做咨询工作，同时为他们设计住宅方案。他们的目标是为那些经过评估不具备偿还抵押能力的人提供接近城市中心的中等收入住宅。为了达到这个目的，ELEMENTAL 首先面临的是经济上的限制，每单位他们的最高预算为 1 万美金，仅够大约 30 平方米的结构费

① Alejandro Aravena（1967 年 -），智利建筑师，ELEMENTAL S.A. 公司的执行董事，2016 年获得了普利兹克建筑奖，曾任 2016 年威尼斯双年展建筑展的总监及策展人。2019 年 ELEMENTAL 获得 ULI J.C. Nichols 城市发展远见奖。——译者注

用。还不包括所需的地产费用。此外还有法律和公众意见的逾界问题。说是“逾越”或挑战了立法是因为 ELEMENTAL 使这些群民在城市中心地带居住的设想，与现行政策中将贫困人口安置在城市边缘区域（在那里他们不会破坏城市历史中心的理想形象）的规定相违背。与公众舆论相左是因为他们把穷人安排在城市中心附近，这会让中、上层阶级感到不安，因为对他们来说，穷人是良莠难分的群体，要用极大的怀疑态度对待。

鉴于资金不足以完成一个中等住宅项目，更不用说在城市核心区单独购置地产了，于是阿拉维纳开玩笑（但很务实地）说，他们只能够为每个家庭设计半个住宅。而对 ELEMENTAL 来说，这样的困境却并不能阻止他们实现设计计划。相反，他们坚称：这增加了多种方案的可能性，只是这对建筑师和一般意义上的建筑来说是一个挑战。为减轻资金困难的压力，阿拉维纳的团队采取了他们称之为“即时动态
125 发展”（dynamic development in time）的加速城市开发的和密集化的方法。ELEMENTAL 设计了一个基本的居住单元，而剩余的部分则由居住者在不受建筑师控制的情况下逐步完成。但是，他们要建造的半个住宅是什么样的呢？

答案是因每个项目不同的情况而不同。这个创意将为那些初始费用耗尽且建筑师（或其他顾问）已经离开的人提供他们力不能及的服务。在大部分案例中，这些服务包括基本的平面布局、灵活的住宅结构及电路和设备的布置。根据城市的基本平面设计（及早期主要规划），ELEMENTAL 为未来发展设置了一些参数。例如一排排住宅间隔遥远，以便能够创造足够宽敞的公共空间而不仅仅是街道。如此布置的目的是要为了那些不同的也常常是意料之外的活动预备空间。不是为了特定的使用，也不是明确目标的空间创造，ELEMENTAL

制定的总体规划来自于，且回应了如麦罗特拉在讨论孟买维多利亚拱廊时描述的那些大量的“不可预知的活动”。

就独立住宅单位而言，它是一个包括厨房和完整卫生间在内的基本居住结构，其余的部分则是开放式设计。如上所述，住宅的这些部分是最需要技术支持的：结构、管道和电气布置。居民能够在这个基础结构确定的情况下进行成本低廉、无需技术支持的进一步的改造。有时在住宅单位之间预留间隙，这样住宅能够在所预留出的空间中进行延伸。而当需要更高的建筑密度时，居民会得到带有厨房和卫生间的、空的多层体块来进行叠加。这个基本结构能够让使用者在原有体块的基础上增加楼层数，这些额外的体块同样包含设备和电气装置。尽管不够完整，但是这个基本结构比通常提供给智利贫困人口的标准社会住宅或低收入住宅要大许多。也就是说微薄的资金用于建造大的、稳固且完备的住宅外壳，虽然这个外壳最初是空的，但当居住者完善之后基本能够达到中等收入住宅的大小。所有的居民都是按照各自的实际需要和不同的经济能力自由地定制他们的住宅——因为缺乏稳定的劳动力。当然，人们还可以获得进一步的补贴，但的确实很少。

……在此案例中，建筑不是被设想为“静态城市的奇观”，而是对城市演现的（或活态的）时间性的赞美。 126

当住宅发展到占用所有（室内的和室外的）空地时，场地会与占用前看起来完全不同。而由此形成的充满活力的都市景观显示出智利民众丰富的多样性。换句话说，ELEMENTAL的设计项目是一个表达文化差异的出口：一个空间，在此不同的社会文化群体能够演现他们的差异并为此差异与其他居民持续进行协商——当然，也并不总是和谐的。借用梅若特拉

的话来说，在此案例中，建筑不是被设想为“静态城市的奇观”，而是对城市演现的（或活态的）时间性的赞美。

以此方法来构思建筑，或者更进一步说，像ELEMENTAL做的那样来设计房子，在建筑上确实是挑战。比如，将使用者提升到建筑生产者的位置，将建筑师从“原作者”的支配地位移走。由此也不再可能将建筑物同单个
127 建筑师或建筑实践联系起来。“可转译建筑”（translatable architecture）一词的出现将本雅明的翻译概念同巴巴的文化可译性观点（参见第2章）联系了起来。我们可以说ELEMENTAL展现了这样一个景况，在此建筑师和建筑物只在历史上的某一刻发生轻微的、有形的接触，如相切一般，此后建筑物就在民众的手中走上了自己的历史道路。由此，曾赋予建筑和“原作者－建筑师”（author architect）的权威，被建筑物是由使用者不断地重新诠释这一事实所打破。这体现了巴巴在他教导性和演现性的讨论中所阐述的矛盾冲突。借用巴巴的原话，为使这一讨论变得容易理解，我们可以说

ELEMENTAL 的设计过程需要一种“文化的时间性，它不仅是分离的，能够表达既是建筑的又不是建筑的活动形式”。更重要的是，这项实践的模型在教导性建筑叙事（建筑组成、结构等原则）和居住的演现性之间的缝隙中果断地创造了具有建筑生产力的空间。这并不意味着人的行为活动将最终完全取代建筑法则，但至少可以说明，建筑法则的权威性是值得商榷的。

确实，由于“演现性”、“活态”甚至“可转译性”的特
征，ELEMENTAL 所设计的建筑拒绝了被迅速纳入建筑的历 128
史中。在第 3 章我们已经讨论过，建筑历史记录的是建立在形式特征基础上的完整的建筑物，因为这样它们能够依据西方的历史加以分类，西方的历史将全世界的建筑产品同欧洲的过去联系起来。既然我们在此研究的建筑物的形式和外观是不断变化的，那么就很难对其进行形式上的分类或者将其定位在某个特定的历史时段内。而且，这些具有文化混杂性（而非建筑混杂性）的建筑物不符合国家协会的标准：它们不属于

智利殖民地时期的建筑，也不是智利的现代主义建筑，与智利乡土建筑的描述也不符。相反，它们表达的是居住的不同文化与形式之间有张力的共存，并且超越了任何代表智利的简化版本——用巴巴的描述方式，它们代表了智利文化的混杂性，且不仅是通过形式和外观。ELEMENTAL 生产的建筑的演现性和活态的时间性在其作品展中得到强调。每次做展览时，ELEMENTAL 更愿意展示建筑物“现在状态”的图像,而不是建造完工时的照片。由于房屋被使用者不断地改造,所以每次展出时，它们看上去都与先前不同——此刻翻译的概念再一次出现在我的脑海中，因为我们可以说每当同一栋房屋被展出时，它都“处于它自己最新、最繁盛的花期”。

在对 ELEMENTAL 作品演现的时间性的简要讨论中，有两个方面需要强调。第一，是他们为解决社会住宅问题在建筑设计中引入的一个重要的政治变量——使用者被当作自身居住空间的制造者；第二，将原作者（建筑师）与建筑物，同时还有建筑物与其外观形象相分离，它们的关系不再被看作是不可改变的。虽然这种方法更加符合生活在快速变化的社会政治环境中智利贫困人群的生活　当然还有其他发展中国家的贫困人群，如杨和麦罗特拉所论述的，
129 这种方法也提出了一个学术上的挑战，因为现有的建筑历史方法不适于应对建筑物内在活力增强的问题。因此，建筑师们已经用同样的方式演化出多种设计方法以应对贫困人群的特殊状况，学者们则需要提出适宜的方法对混杂和演现（活态）的建筑理论进行历史性的记录。

第 7 章

总结 130

在前面的章节中，我们通过内在含义的方式着重地了解了不同殖民主义时期的殖民关系的特征。导言中曾提及，殖民时期似乎与出生于 20 世纪后 30 年及其后的几代人相距甚远。但是，很多人仍然能够给出他们的殖民经历的第一手资料，不论是殖民者还是殖民对象。了解那段看似遥远的历史就能够解释为何众多用于构建和实践殖民权威的策略仍旧适用于今日，虽然是在各种不同的改装之下。确实，通过建筑案例的分析，本书论证了建筑在许多方面与殖民主义的表述是一脉相承的——非西方的就是劣等的。这和其他方面都是通过在霸权的、排他性的西方建筑历史中对非西方建筑的贬低性书写来实现的。

第 2 章的内容简单解释了在殖民关系中用来构建和保持权威的方法，并提供了历史实例。更为重要的是，介绍了后殖民话语的术语与批判原则。第 3 章详细阐释了矛盾性的精神分析概念，这是巴巴关于权威话语批判的核心内容。这一概念用于揭示殖民叙事中固有的矛盾冲突，同时也有助于削弱为殖民主义和当代统治结构（经济、文化和政治）辩护的论据。第 3 章还阐明了非西方建筑的历史书写如何在包容和排斥的矛盾过程中不断发生，这正是巴巴批判理论的核心内容。第 4 章和第 5 章说明的是殖民主义并没有 131
实现殖民者和殖民对象的完全融合，而是产生了一个在多个组成部分之间文化相互作用的复杂过程，巴巴将这个过程命名为“混杂”。混杂不是和谐，而是一个各种文化差异持续地协商和竞争的冲突过程，这个过程也揭示了殖民主义和当代文化互动中的不平等。本书所检视的文化重述的多种形式在直接的殖民控制结束之后——即殖民地宣布独立之后——依然存在。文化的相互作用在殖民结束之后仍在继续，并且实际上还有所增强。因此，第 6 章就主要论述了在现代国家的语境中当下的生活状况，努力形成一个稳定的、同质的人为社会结构，但在此过程中又掩盖了文化差异的存在。

为了解释巴巴的术语，我们逐渐从 19 世纪的殖民主义推进到今天。我们回顾了殖民主义发展历史上的两个重要时期。第一个时期，是殖民者试图构建以自身为权威的直接干预时期，在这个阶段，殖民者将殖民对象视为奴役对象。1835 年托马斯·麦考利的《印度教育备忘录》(*Minute on Indian Education*）对这一阶段的情况有详细记叙；第二个时期，是殖民主义持续产生影响的今天。事实上，巴巴的文化研究揭示了当代国际关系很大程度上受到社会与政治结构的影响，而此结构是在殖民时代建立起来的。因此，后殖民话语的范围和巴巴批判研究的范畴并不局限于对殖民关系的研究。后殖民话语也关注当代的文化关系，关注在我们这个日益全球化的时代中与文化表达和文化认同的构建相关的问题。

霍米·K·巴巴所提出的论点，他对权威话语的深刻批判，他在持续的（历史上的和现在的）文化构建中致力于凸显“民众”——少数和底层的人群——的角色，对于建筑批判的发展都是有助益的，不仅仅是对建筑历史和建筑理论的
132 研究，也包括建筑的专业实践。正如本书所述，依照欧洲和北美的学术话语，非西方的建筑和少数人群的建筑仅仅只是出现并变得可见（可识别）而已。本书中关于建筑术语和建

筑实践的研究案例表明对建筑形式中体现的霸权常态提出质疑不仅是可能，而是有必要的，因为这体现了不平等和差异化的历史记录及理论。虽然遵循巴巴模式的后殖民建筑批判并不能推翻当今的西方权威，但它仍然有助于揭示其内在的矛盾并动摇建筑话语的霸权，指出其可疑之处并扭转认知的标准。

延伸阅读

在后殖民理论与文学研究的语境中，解读霍米·k·巴巴著作的书籍颇为丰富，它们有助于理解巴巴的这些术语——混杂，模仿，第三空间，等等。比如，2006 出版的戴维·赫达特（David Huddart）的《霍米·k·巴巴》（*Homi K. Bhabha*），还有 2008 年出版的埃莉诺·伯恩（Eleanor Byrne）的《霍米·k·巴巴》（*Homi K. Bhabha*）。两书均提供了巴巴发表的随笔和论文的完整目录，这些文章散布在许多书著及杂志中。

许多后殖民理论家也对巴巴的作品进行了批判性的讨论。如罗伯特·扬（Robert Young）的《白人神话：书写的历史与西方》（*White Mythologies: Writing History and the West*，1990 年），比尔·阿什克罗夫特（Bill Ashcroft）、加雷斯·格里菲斯（Gareth Griffiths）和海伦·蒂芬（Helen Tiffin）合著的《帝国回信：后殖民文学中的理论与实践》（*the Empire Writing Back: Theory and Practice in Postcolonial Literatures*，1989 年）。这两部著作讨论了巴巴和其他批判家的作品，展现了后殖民理论早期研究的全貌。比尔·阿什克罗夫特、加雷斯·格里菲斯和海伦·蒂芬还著有《后殖民研究：关键概念》（*Post-Colonial Studies: Key Concepts*，1998 年），解释了后殖民理论中普遍使用的一些术语。

巴巴的理论在很多书中被用于建筑语境，故而要选出一个最有用的甚是不易。不过，劳特里奇出版社（Routledge）出版的、包含有多个分册的 ArchiText

系列丛书对于我们理解建筑研究如何运用了巴巴的理论大有裨益。在此将该系列中涉及巴巴作品的书目开列如下：《后殖民的背后：印尼的建筑、都市空间和政治文化》(*the Postcolonial: Architecture, Urban Space and Political Cultures in Indonesia*，2000年)，阿比丁·库斯诺(Abidin Kusno)著；《漂移：建筑与移民》(*Drifting: Architecture and Migrancy*，2003年)，斯蒂芬·凯恩斯(Stephen Cairns)主编；《全球文化的空间：建筑，都市主义，身份认同》(*Space of Global Cultures: Atchitecture,Urbanism,Identity*，2004年)，安东尼·金(Anthony King)著；《原生现代主义：建筑与都市主义的协商》(*Indigenous Modernities: Negotiating Architecture and Urbanism*，2005年)，乔迪·霍萨格拉哈(Jyoti Hosagrahar)著；《殖民现代主义：英属印度与锡兰的房屋、住宅与建筑》(*Colonial Modernities: Building,Dwelling and Architecture in British India and Ceylon*，2007年)，皮特·斯克里夫(Peter Scriver)与维克拉玛蒂亚·普拉卡什(Vikramaditya Prakash)主编。

巴巴与卡洛·布雷肯布里奇(Carol a . Breckenbridge)、谢尔登·波洛克(Sheldon Pollock)合作主编的《世界主义》(*Cosmopolitanism*，2002年)一书从后殖民主义角度探讨了城市、建筑和都市空间的诸多方面。虽然这三位作者没有一个是建筑师，这本书却提供了运用解构主义的分析方法来拆解大都市空间结构的支撑性叙事的方法。

还有两位作者的作品在后殖民研究中占据了突出的地位：弗朗茨·法农(Frantz Fanon)和爱德华·萨义德(Edward Said)。法农作品甚丰，其中有两部堪为代表——《黑皮肤、白面具》(*Black Skins, White Masks*，2008年)和《世界上受苦的人》(*The Wretched of the Earth*，2001 年)。萨义德也同样多产，若论在当代学术界留下深刻印记的，还是这部《东方主义：他者的西方概念》(*Orientalism: Western Conceptions of the Other*，2003 年)。

参考文献

Abel, C. (1997) *Architecture and Identity: Responses to Cultural and Technological Change*. Oxford: Architectural Press.

Anderson, B. (1983) *Imagined Communities: Reflections on the Origins and Spread of Nationalism*. London: Verso.

Benjamin, W. (1968) 'The Task of the Translator', in Hannah Arendt, *Illuminations*. Harry Zohn (trans.). New York: Schocken Books, 70–82.

Bhabha, H. (1990a) *Nation and Narration*. London and New York: Routledge.

—— (1990b) 'Third Space', in J. Rutherford (ed.), *Identity: Community, Culture and Difference*. London: Lawrence & Wishart, 207–21.

—— (1993) 'Cultures in Between'. *Artforum* 32.1, 167–214.

—— (1994) *The Location of Culture*. London and New York: Routledge.

—— (2004) *The Location of Culture*. London and New York: Routledge Classics.

—— (2007) 'Architecture and Thought', in *Aga Khan Award for Architecture: Tenth Cycle*. AKAA Publications.

Conrad, J. (1995) *Heart of Darkness*. London: Penguin Books.

Curtis, W. J. R. (2000) *Modern Architecture since 1900*. London: Phaidon.

Fanon, F. (2008) *Black Skins, White Masks*. Oxford: Blackwell.

Freud, S. (2002) *Civilization and Its Discontents*. London: Penguin Classics.

Grahn, L. R. (1995) 'Guajiro Culture and Capuchin Evangelization: Missionary Failure on the Riohacha Fontier', in E. Langer and R. Jackson (eds), *The New Latin American Mission History*. Lincoln: University of Nebraska Press, 130–56.

Hernández, J. (1998) *Martin Fierro*. Madrid: Ediciones Cátedra.

Hobsbawm, E. J. (1987) *The Age of Empire, 1875–1914*. New York: Pantheon Books.

Homer, S. (2005) *Jacques Lacan*. London and New York: Routledge.

Ikas, K. and G. Wagner (eds) (2009) *Communicating in the Third Space*. London and New York: Routledge.

Jacobs, J. M. (1996) *Edge of Empire: Postcolonialism and the City*. London and New York: Routledge.

Lacan, J. (2006 [1996]). *Écrits*. B. Fink (trans.). New York and London: W. W. Norton & Co.

Lefebvre, H. (2003 [1991]) *The Production of Space*. Oxford: Blackwell Publishing.

Macaulay, T. (1835) 'Minute on the 2nd of February 1835', in *Speeches by Lord Macaulay, with His Minute on Indian Education*. With Introduction by G. M. Young. London: Oxford University Press, 340–50.

Mehrotra, R. (2010) 'Foreword', in F. Hernández, P. Kellett and L. Allen (eds), *Rethinking the Informal City: Critical Perspectives from Latin America*. Oxford and New York: Berghahn Books, xi–xiv.

Morton, P. A. (2003) *Hybrid Modernities: Architecture and Representation at the 1931 Paris Colonial Exposition*. Cambridge, MA: MIT Press.

Niranjana T. (1992) *Siting Translation: History, Post-Structuralism and the Colonial Context*. Berkeley: University of California Press.

Pratt, M. L. (1992) *Imperial Eyes: Travel Writing and Transculturation*. London and New York: Routledge.

Said, E. (2003) *Orientalism: Western Conceptions of the Orient*. London: Penguin Classics.

Soja, E. (1996) *Thirdspace: Journeys to Los Angeles and other Real-and-Imaginary Places*. Malden and Oxford: Blackwell Publishing.

Yeoh, B. S. A. (1996) *Contesting Space: Power Relations in the Urban Built Environment in Colonial Singapore*. Oxford: Oxford University Press.

Young, R. (1990) *White Mythologies: Writing History and the West*. London and New York: Routledge.

索引

Abel, Chris 78–82, 87
Aga Khan Award for Architecture 18
The Age of Empire 1875–1914 (Hobsbawm) 104
Algeria 2
'almost the same but not quite' 64–5
ambivalence 51; in architectural history writing 51; of colonial discourse 41, 43–8, 53; context of Bhabha's 39–41; during the Oedipus phase 42; in Fanon 40–1; Freudian perspective 42–3; in Grahn's account of the Guajiro Indians 48–9; and the nation 45; in psychoanalysis 42–3; and the Third Space 93; usefulness in producing a critique of architecture 50; Young on Bhabha's discussion of 48
Anderson, Benedict 92, 99, 104, 107, 111
Aravena, Alejandro 123–4
architectural history: ambivalence of *see* ambivalence; Bhabha on the writing of 57; hegemonic narratives in 52; role of the book 52
architectural hybridity: Abel's account 78–82; in the Paris Exposition 83–6 *see also* hybridity/hybridisation
architectural identity 20, 81
architectural informality 99
architectural narratives 8, 51–2, 127
architectural production 1, 8, 18, 20–1, 51, 53–5, 100, 128
architectural theory 98
architecture: colonial *see* colonial architecture; European 8, 17, 43, 51, 77–81; indigenous *see* indigenous architecture; non-western *see* non-western architectures; Western 55
Ashcroft, Bill 13, 76
Azaldúa, Gloria 96

Barthes, Roland 10
Benjamin, Walter 10, 25–30, 32, 34–5, 37–8
Bhabha: academic positions 9; arrival at Oxford 2, 6; biographical account 8–9; birth 5; critical methods of reading 13; cultural and literary interests 6; interest in architecture 18–20; life and journey 3–5
the Bible 61–2, 67, 70
Black Skins, White Masks (Fanon) 40
Bochica 33, 35
Bombay (Mumbai), Bhabha's description 5; *see also* Mumbai

Braveheart (Gibson) 108–9, 113
Brazil 17, 54, 56
Brick Lane, East London 111
building(s): architectural 'meaning' inherent in 56; Bhabha's 'reading' 20–1

Chile 123–5
Chinese-built 'shophouse,' Abel's study 79
Christianity 25, 33, 48, 59, 61, 68
cities 1, 5, 8, 16–18, 21, 73, 96–9, 117–24
civilisation, Christianity as sign of 25
Civilisation and its Discontents (Freud) 42
civilising mission, Macaulay on the purpose of the 64
Colombia 33
colonial architecture, Georgetown, Penang **78**
colonial cities: educational function 16–17; geometrical layout and the desired social order 118; participants in the consolidation of 118; Yeoh's criticism of the dual approach to the study of 117–20
colonial mimicry 64–5, 81
colonial relations: Hobsbawm on racism and 106; and hybridity 76; implicit hierarchy 25
colonial stereotyping 32
colonial translation, function 34
colonialism: ambivalence in the discourse of 41; Bhabha's interest in the effects of 15; Bhabha's psychoanalytic re-imagining 12–13; concept analysis 1; forms of translation involved in 24; historical proximity of 2; as 'translational' phenomenon 30
contemporary cities, performative temporality of 120, 120–2
Contesting Space: Power Relations in the Urban Built Environment in Colonial Singapore (Yeoh) 117
criollo 108
cultural difference: concept analysis 11, 99, 100–4; cultural diversity vs 100–1; minority positions and the notion of 103; result of Bhabha's dismantling of homogeneity on 67
cultural diversity, and the *musée imaginaire* 101–2
cultural identity, sources of 110
cultural productivity: hybridity as sign of 49, 58–9, 66–7, 72; location 6
cultural superiority 25, 65–6
cultural translation 31–2, 37, 39
Curtis, William 17, 54–6

de Man, Paul 38
deconstruction 8, 10, 30, 46
Derrida, Jacques 10, 38
discrimination: Bhabha on 65; constructing authority through 43–4; hybridity/hybridisation and 74; as means to bring betterment 63
'DissemiNation: Time, Narrative and

the Margins of the Modern Nation' (Bhabha) 108
domination, architects' complicity with colonial and other discourses of 17
Doshi, Balkrishna 17
doubling 12–13, 45, 47, 65

Edge of Empire: Postcolonialism and the City (Jacobs) 73
ELEMENTAL, Chile 123–8
'end of empire' 2
English education, Macaulay on the function of 33
Enlightenment 63–4, 104
Equatorial Guinea 2
European architecture 8, 17, 43, 51, 77–81

Fanon, Frantz 1, 40–1
French architecture, hybridity in 83–7
Freud, Sigmund 12, 42–3, 45–6, 50

Gacaca Courts, as Third Space 93
Gauchos 108
gender, role in the formation of identity 46
Georgetown, Penang – British colonial house **78**
Grahn, Lance 48–9
'Guajiro Culture and Capuchin Evangelisation: Missionary Failure on the Riohacha Frontier' (Grahn) 48
Guajiro Indians 48–9, 68

Hall, Stuart 40
Heart of Darkness (Conrad) 94
Hegel, Georg W. F. 110
heterogeneity 38, 59, 66, 110, 114–15, 126
Hinduism 61
historicism 110
historicity 100, 113
history of architecture, European authority 17
Hobsbawm, Eric 99, 104–7
homogeneity/homogenisation: of colonised subjects 34; the completeness of identity and 12; concept analysis 112–13; of the nation 110, 115; result of Bhabha's dismantling on cultural difference 67
'How Newness Enters the World' (Bhabha) 28
Humboldt, Alexander 52–4
hybrid architecture 77, 80, 87; *see also* hybridity/hybridisation
hybridity/hybridisation: adverse implications 58–9; and ambivalence 41, 44; appeal of the notion of 58; Bhabha on 66, 69; colonial relations and 76; concept analysis 58, 60–73; critiques of 73–7; cultural 11, 58; and cultural productivity 72; and discrimination 74; embodiment of Babha's concept of 64; of European architectural styles 81; as form in architecture 77–82; Grahn's account of Guajiro resistance as example of 49; impact of permanence of 11;

hybridity/hybridisation *(continued)*
Morton's perspective 83–5, 87; of the mule 59; in the Paris Exposition 83–6; postcolonial 76; as result of cultural translation 37; semantic implications 77; as sign of cultural productivity 59; theoretical effects 58; theoretical optimisation 77; and the Third Space 89–90, 92; as threat 86; Young on Bhabha's use of 74–5

identity/identities: Bhabha's representation 5; gender's role in the formation of 46; homogeneity and the completeness of 12; language and 46; linguistic perspective 46; plurality of 12, 40–1, 59; psychoanalytic perspective 12, 40–1; relative construction 9
Imperial Eyes: Travel Writing and Transculturation (Pratt) 52
imperialism 40, 49
India 2
indigenous architecture 8; Abel's study of Malaysian 78–81; colonial perspectives 8, 53–4; Pratt on Central American 52
Jacobs, Jane 73–4, 76
Japan 54, 56

kinetic space 121–2
Kristeva, Julia 12

Lacan, Jacques 12, 45–7, 50, 90–1
languages, Benjamin on the dynamism of 26–7
Le Corbusier 2, 17, 53, 55
Liberty Leading the People (Delacroix) 109, 113
liminality 89–90, 95, 114–16
literary translation, Benjamin's theory of 10
The Location of Culture (Bhabha) 3, 8–9, 57, 60, 64, 108
Loomba, Ania 76–7

Macaulay, T. 33, 62–4, 66, 92, 102, 110–11
Macaulay's Minute 62–4, 66, 92
Malay house **78**, 80
Malaysia 17, 78–81
Malaysian architecture, Abel's study 78–81
Martin Fierro (Hernández) 108, 113
materials 20, 73, 77, 82, 84, 87, 120
Mehrotra, Rahul 120–1, 123, 125–6, 128
Mexico 54, 56
Mies van der Rohe, Ludwig 53
migrant minorities, Bhabha on 36–7
mimicry: ambivalence and 41, 44; Bhabha's definition 64; colonial 64–5, 81; concept analysis 65; Young's criticism of Bhabha's use of 74
minoritarian architecture 17, 23, 132
minority peoples: Bhabha's interest in the cultural products of marginalised 7; cultural difference

and the agency of 100–4; and the Third Space 96–8
'Minute on Indian Education' (Macaulay) 62–4, 66, 92
missionaries 33–4, 36, 48
modern architecture 8, 17, 53–7, 100; genealogy 53–5
Modern Architecture since 1900 (Curtis) 54–6
modern art, market domination 16
Morton, Patricia 82–8
Mozambique 2
Muisca 33, 35–6
multiculturalism: vs cultural difference 103; cultural stratification rhetoric 11; images of 112; and racism 102
Mumbai: Bhabha's description 5; Victorian Arcades 121, **122**, 125
musée imaginaire 101–2
Muslim world, Bhabha's definition 18–19

narcissistic demand 41, 66
the nation: Anderson's definition 107; Bhabha's critique 108–16; contradiction between the newness of and its alleged antiquity 111–12; 'the historical certainty' evoked by the concept of 110; Hobsbawm on 105–7; pedagogical and performative temporalities 113; and some ideas on nationalism 104–8
Nation and Narration (Bhabha) 108
the nation-space, liminality 115–16
the nation-state, historical emergence 104
nationalism, Hobsbawm and Anderson's observations 104
neocolonialism 40
Niemeyer, Oscar 17
Niranjana, Tejaswini 35, 38
non-western architectures: basis of the historicisation of 20, 51, 57; binary methods of analysis 117; critique of theoretical perspectives 7, 16–17; Curtis' terminology 54, 56–7; discriminatory rhetoric 52; *see also* indigenous architecture

Oedipus complex 42
'Of Mimicry and Man' (Bhabha) 64–5
Orientalism 83
orthogonal grid 17, 25
Other: dismantling of the straightforward dichotomy between self and the 41; mimicry as desire for a reformed, recognisable 64

Pakistan 2
Palestine 56
Paris 82, 84–6
Parry, Benita 76–7
Parsis, background and philosophy 4–5
pavilions 83–4
the performative: architecture and 123, 123–9; comparability of kinetic space with 121–2; concept analysis 114; temporal perspective 113

Pieterse, Jan Nederveen 77
the poor 11, 15, 97–8, 103–4, 121, 124, 128–9
post-structuralism 9–10, 12, 35, 39
postcolonial architecture discourse, Bhabha's domination of 1
postcolonial criticism, Bhabha on 14
postcolonial hybridity, critical efficacy of the concept of 76–7
postcolonial reading, Ashcroft on 13
postcolonial theory, concept analysis 14
postcolonial translation 37–8
poverty: the perpetuation of 16; and the Third Space 97–8
Pratt, Mary Louise 52–3
The Production of Space (Lefebvre) 96
psychoanalysis: ambivalence of 42; and the completeness of identity and homogeneity 12; critiques of Bhabha's appropriation 49–50, 75; influence of 12, 39; Lacanian 45–7, 91
psychoanalytic ambivalence 39, 47, 50, 73

racial discrimination, Hobsbawm on 106
racism, multiculturalism and 102
Republic of Congo 2
resistance 38, 47, 68, 74, 87, 119

Said, Edward 1, 40, 83, 96
Shohat, Ella 77
'Signs Taken for Wonders' (Bhabha) 60, 65
Singapore 117, 119
Siting Translation: History, Post-Structuralism and the Colonial Context (Niranjana) 35
slums 8, 18, 97–9
Soja, Edward 96–7
South Africa 54, 56
South America 19, 48
Spivak, Gayatri 1, 40, 96
squatter settlements 8, 18, 98–9

Tableaux Parisiens (Baudelaire) 26
'Task of the Translator' (Benjamin) 26
'The Death of the Author' (Barthes) 10
'the English book' (the Bible) 60–2, 64, 67–8, 70–1
The Tempest (Shakespeare) 26, 29
Third Space: ambivalence and the 91–3; architecture and the 96–8; concept analysis 21, 89–90; courtroom comparisons 93–4; in *Heart of Darkness* plot 94; hybridity/hybridisation and the 89, 92; liminality of the 89, 95; minority peoples and the 96–8; Soja on the 96–7; spatialising the 93–5; squatter settlements as 97–8; theorising the 90–3; Truth Commissions as 93
translation: Benjamin on 26–8; Bhabha's use of as a critical term 25; bread example 28–9; colonial 34–5, 37; concept analysis 24;

cultural 31–2, 37, 39; and the elimination of differences 34; function of colonial 34; of the history of colonised subjects 33; political dimension 36; postcolonial 37–8; re-creation vs 'copy' 30; as tool of colonial authority 31
Truth Commissions, as Third Space 93

uprising 63

Victorian Arcades, Mumbai 121, **122**, 125

Wallace, William 108
Western architecture 55
Wright, Frank Lloyd 53–4

Yeang, Ken 17
Yeoh, Brenda 117–20, 123, 128
Young, Robert 48, 74–7

给建筑师的思想家读本

Thinkers for Architects

为寻找设计灵感或寻找引导实践的批判性框架，建筑师经常跨学科反思哲学思潮及理论。本套丛书将为进行建筑主题写作并以此提升设计洞察力的重要学者提供快速且清晰的引导。

建筑师解读德勒兹与瓜塔里

[英] 安德鲁·巴兰坦 著

建筑师解读海德格尔

[英] 亚当·沙尔 著

建筑师解读伊里加雷

[英] 佩格·罗斯 著

建筑师解读巴巴

[英] 费利佩·埃尔南德斯 著

建筑师解读梅洛－庞蒂

[英] 乔纳森·黑尔 著

建筑师解读布迪厄

[英] 海伦娜·韦伯斯特 著

建筑师解读本雅明

[美] 布赖恩·埃利奥特 著

建筑师解读伽达默尔

[美]保罗·基德尔 著

建筑师解读古德曼

[西]雷梅·卡德国维拉－韦宁 著

建筑师解读德里达

[英]理查德·科因 著

建筑师解读福柯

[英]戈尔达娜·丰塔纳－朱斯蒂 著

建筑师解读维希留

[英]约翰·阿米蒂奇 著